中餐烹饪工艺基础

主　编　王辉亚
副主编　易中新
参　编　戴　涛　王　权　丁　辉
　　　　黄　伟　胡　爽

华中科技大学出版社
http://www.hustp.com
中国·武汉

内容简介

本书是根据本科烹饪专业的特点,结合餐饮行业岗位工作实际编写的,重点体现职业性、实践性和规范性。

全书共包括十三个项目,即烹饪入门、烹饪从业者职业素养、烹饪从业职业标准、中餐菜点加工流程、烹饪加工工具的选择与使用规范、烹饪机械加工设备的工作原理与使用规范、烹饪辅助用具的选择与使用规范、刀工技能训练与检测标准、食材分割成形、烹饪原料初加工、勺工的基本技能训练、翻锅(勺)技能训练与检测标准、调味技能训练。书末附录提供了实用的菜肴调味法则和厨房产品生产手册。

本书可作为应用型本科烹饪相关专业的教学用书,也可作为中餐烹饪爱好者和餐饮企业培训的学习参考书。

图书在版编目(CIP)数据

中餐烹饪工艺基础/王辉亚主编.—武汉:华中科技大学出版社,2021.6(2025.8重印)
ISBN 978-7-5680-3648-1

Ⅰ.①中… Ⅱ.①王… Ⅲ.①中式菜肴-烹饪-高等学校-教材 Ⅳ.①TS972.117

中国版本图书馆 CIP 数据核字(2021)第 117831 号

中餐烹饪工艺基础
Zhongcan Pengren Gongyi Jichu

王辉亚 主编

策划编辑:汪飒婷
责任编辑:汪飒婷
封面设计:刘 婷
责任校对:张会军
责任监印:周治超

出版发行:华中科技大学出版社(中国·武汉)　　电话:(027)81321913
　　　　　武汉市东湖新技术开发区华工科技园　　邮编:430223
录　　排:华中科技大学惠友文印中心
印　　刷:武汉市籍缘印刷厂
开　　本:787mm×1092mm　1/16
印　　张:14.25
字　　数:332千字
版　　次:2025年8月第1版第4次印刷
定　　价:58.00元

本书若有印装质量问题,请向出版社营销中心调换
全国免费服务热线:400-6679-118　竭诚为您服务
版权所有　侵权必究

网络增值服务

使用说明

欢迎使用华中科技大学出版社医学资源网

1 教师使用流程

（1）登录网址：**http://yixue.hustp.com**（注册时请选择教师用户）

注册 ▶ 登录 ▶ 完善个人信息 ▶ 等待审核

（2）审核通过后，您可以在网站使用以下功能：

获取教学资源　　建立课程　　管理学生　　布置作业　　查询学生学习记录等

2 学员使用流程

（建议学员在PC端完成注册、登录、完善个人信息的操作）

（1）PC端学员操作步骤

① 登录网址：http://yixue.hustp.com（注册时请选择普通用户）

注册 ▶ 登录 ▶ 完善个人信息

② 查看课程资源：（如有学习码，请在"个人中心—学习码验证"中先通过验证，再进行操作）

首页课程 ▶（选择课程）▶ 课程详情页 ▶ 查看课程资源

（2）手机端扫码操作步骤

手机扫码 ▶ 登录 ▶ 查看数字资源
　　　　　↑
　　　　 注册

Foreword 前 言

为积极响应国家大力发展应用型本科人才的精神,助推武汉商学院湖北省一流本科专业建设、湖北省普通本科高校"专业综合改革"试点和湖北省战略性新兴(支柱)产业人才培养计划等项目开展,编者结合餐饮行业岗位工作实际,根据本科烹饪专业的特点编写了本书。

"中餐烹饪工艺基础"是烹饪专业本科层次的一门实践性很强的必修专业课,是专业课程中的前置课程,具有培育学生良好的职业素养、职业行为、职业技能的特点。重点体现职业性、实践性和规范性。

1. 职业性。本书依据烹饪应用型本科教育规律和现代教育以学生为中心的教育理念,从提高学生分析问题、解决问题的能力入手,以餐饮一线岗位工作任务为项目,引导进行模块化教学,大部分任务设计了"任务目标""任务导入""任务实施""任务检验"等,教学的知识点和技能点清晰明了,增强了本书的职业性,旨在提高学生的学习兴趣,提升学生的综合职业素养。

2. 实践性。本书编写紧紧围绕着餐饮一线岗位的工作内容,采取图文并茂的方式,注重理论与实践的结合,实现"教、学、做"一体化。

3. 规范性。本书内容设置以专业技能为主线,设计教与学的标准,课上学生"学做合一",以做为主,老师辅以"教",课下学生以技能训练为主,老师辅以"导",标准统一规范。

本书由王辉亚担任主编,具体的编写分工如下:项目一、二、四、十由王辉亚编写;项目三由丁辉、胡爽编写;项目五、六、七由王权编写;项目八、九由易中新编写;项目十一、十二由黄伟编写;项目十三由戴涛编写。编者在编写本书过程中,广泛听取了餐饮企业一线烹饪大师的意见和建议,吸取了参考教材的优点,在此一并表示感谢。

由于编者水平有限,书中难免存在不足之处,敬请广大读者批评指正。

本书由武汉商学院资助出版。

王辉亚

Contents 目 录

第一部分 绪 论

项目一 烹饪入门 ··· 3
   任务一 认知"中餐烹饪工艺基础" ·· 3
   任务二 认知"中餐烹饪工艺基础"与本科烹饪专业、烹饪岗位的关系 ······· 5
项目二 烹饪从业者职业素养 ·· 7
   任务一 认知"职业道德标准" ··· 7
   任务二 认知"职业道德标准"与烹饪工作的关系 ······························· 10
项目三 烹饪从业职业标准 ·· 13
   任务一 烹饪从业者着装标准 ·· 13
   任务二 体能训练 ··· 17
   任务三 中式烹调师(中、高级)等级标准 ·· 24
项目四 中餐菜点加工流程 ·· 26
   任务一 餐饮厨房菜点制作工艺流程 ··· 26
   任务二 中央厨房产品生产流程 ··· 28

第二部分 烹饪加工工具

项目五 烹饪加工工具的选择与使用规范 ·· 33
   任务一 刀具的选择与使用规范 ··· 33
   任务二 砧板的选择与使用规范 ··· 39
   任务三 磨刀石的选择与使用规范 ·· 41
项目六 烹饪机械加工设备的工作原理与使用规范 ································· 44
   任务一 搅拌机的工作原理与使用规范 ·· 44
   任务二 微波炉的工作原理与使用规范 ·· 46
   任务三 斩拌机的工作原理与使用规范 ·· 50
   任务四 绞肉机的工作原理与使用规范 ·· 52

项目七　烹饪辅助用具的选择与使用规范 ·· 55
　　任务一　筷子认知与筷子种类 ·· 55
　　任务二　筷子正确执握方法 ·· 57
　　任务三　筷子执握手法训练 ·· 60

第三部分　刀工及烹饪原料初加工技能

项目八　刀工技能训练与检测标准 ·· 65
　　任务一　磨刀技能训练与检测标准 ·· 65
　　任务二　刀工基本操作规范训练与检测标准 ·································· 70
　　任务三　直刀法训练与检测标准 ··· 75
　　任务四　平刀法训练与检测标准 ··· 85
　　任务五　斜刀法训练与检测标准 ··· 89
项目九　食材分割成形 ·· 92
　　任务一　基本料形的成形工艺 ·· 92
　　任务二　花刀料形的成形工艺与规格 ··· 105
项目十　烹饪原料初加工 ·· 116
　　任务一　常见植物性烹饪原料初加工 ·· 117
　　任务二　常见家畜原料的初加工 ··· 124
　　任务三　常见家禽原料的初加工 ··· 128
　　任务四　常见水产原料的初加工 ··· 131
　　任务五　常见烹饪干货原料初加工 ··· 136

第四部分　勺工及调味技能

项目十一　勺工的基本技能训练 ··· 141
　　任务一　握勺方法 ·· 141
　　任务二　勺工站姿 ·· 147
项目十二　翻锅(勺)技能训练与检测标准 ······································ 149
　　任务一　翻锅技法训练 ·· 149
　　任务二　辅助翻锅技法训练 ··· 152
　　任务三　出锅产品的装盘方法 ··· 153
　　任务四　翻锅检测标准 ·· 155
项目十三　调味技能训练 ··· 158
　　任务一　对单一味的认知 ··· 158
　　任务二　对复合味的认知 ··· 164
　　任务三　临灶烹调的调味手法 ··· 167
　　任务四　常见复合味调制标准 ··· 171

附　　录

附录 A　菜肴调味法则 …………………………………………………… 175
附录 B　厨房产品生产手册 ……………………………………………… 177
主要参考文献 ………………………………………………………………… 217

第一部分

绪　论

项目一

烹饪入门

项目描述

本项目包括两项学习任务,认知"中餐烹饪工艺基础"和认知"中餐烹饪工艺基础"与本科烹饪专业、烹饪岗位的关系。通过此项目的学习,了解"中餐烹饪工艺基础"的课程概要及与烹饪专业、烹饪岗位的关系,掌握"中餐烹饪工艺基础"课程的主要内容,明确"中餐烹饪工艺基础"课程的考核办法和学习方法,树立学好"中餐烹饪工艺基础"课程,传承中华烹饪传统技艺的使命感和责任感。

项目目标

1. 了解"中餐烹饪工艺基础"的课程概要。
2. 掌握"中餐烹饪工艺基础"课程的主要内容。
3. 明确"中餐烹饪工艺基础"课程的考核办法和学习方法。
4. 树立学好"中餐烹饪工艺基础"课程,传承中华烹饪传统技艺的使命感和责任感。

任务一 认知"中餐烹饪工艺基础"

任务目标

1. 了解"中餐烹饪工艺基础"的课程概要。
2. 掌握"中餐烹饪工艺基础"课程的主要内容。
3. 明确"中餐烹饪工艺基础"课程的考核办法。

任务导入

万丈高楼平地起

俗话说:万丈高楼平地起。做任何事情都需要从基础做起,比如习武要从基本步法开始学起,练书法要从点、横、竖、撇、捺等基本笔画开始练起。没有坚实的基础就不可能建起摩天大厦,否则就是空中楼阁。烹饪工艺技术也一样要从基本技能开始学起,才能成就新时代烹饪工程师。

随着我国现代服务业的迅猛发展,中餐行业也日益壮大,稳步前行。但餐饮行业的不断发展与一线技能人才和创新人才存在较大缺口间的矛盾日益突出,为此,2019年国务院印发了《国家职业教育改革实施方案》,目的就是要加大我国职业教育改革力度,深化餐饮行业高素质劳动者和技术技能人才的培养来满足市场需求。我国一直以来非常重视中华烹饪传统文化的传承与发展,在中职、高职及本科学校均有设置烹饪专业,部分高校还设置有硕士专业,烹饪基本技能课程在不同层次的烹饪专业中都是必不可少的专业前置课程,是烹饪专业必修课程。

下面,让我们共同走进今天的学习任务。

 任务实施

一、"中餐烹饪工艺基础"课程概要

"中餐烹饪工艺基础"是餐饮类本科职业教育中烹饪与营养教育专业、食品质量与安全专业中的一门专业必修课程,是中华人民共和国人力资源和社会保障部(简称人社部)颁布的《国家职业技能标准——中式烹调师》中基本技能和基础知识的重要组成部分。

"中餐烹饪工艺基础"课程以培养学生的中式烹饪基本技能和操作规范为目的,使学生掌握中式烹饪基本技能和基础知识,为职业发展打下牢固的基础。

二、课程主要内容

中餐烹饪工艺基础知识、烹饪职业道德与素养、安全生产要求、烹饪原料初加工工具特点、烹饪原料分档与分割、炉台用具认知、烹饪原料分类及初加工规范、烹饪调味品分类及使用原则、中餐烹饪工艺基础与操作规范、着装基本要求与规范、烹饪从业人员体能训练、烹饪刀具使用要求与使用规范、烹饪原料初加工要求与加工规范、烹饪原料分档(分割)要求与分割规范、炉台用具使用要求与操作规范、筷子使用方法与使用规范、餐饮业食品安全的主要法律法规及标准规范、《中华人民共和国食品安全法》、《餐饮服务食品安全操作规范》。

三、课程考核办法

❶ **过程性考核** 主要用于考查学生学习过程中学习任务完成情况、参与情况及学习态度,实训报告完成情况、出勤情况、线上互动情况等,一般应占课程总学分的50%。

❷ **达标性考核** 主要用于考核学生对课程知识的理解与运用、基本技能掌握情况,一般占课程总学分的50%,主要是对学生基本技能达标情况进行考核赋分。

 任务检验

简答题:中餐烹饪工艺基础理论部分涵盖哪些内容?请举例说明。

项目一 烹饪入门

任务二 认知"中餐烹饪工艺基础"与本科烹饪专业、烹饪岗位的关系

任务目标

1. 了解"中餐烹饪工艺基础"与本科烹饪专业、烹饪岗位的关系。
2. 明确"中餐烹饪工艺基础"课程的学习方法。
3. 树立学好"中餐烹饪工艺基础"课程,传承中华烹饪传统技艺的使命感和责任感。

任务导入

"中餐烹饪工艺基础"是本科烹饪专业开设的一门基础技能性课程,也是烹饪入门课程,对后续烹饪技能相关课程的学习具有极其重要的作用。本课程的主要任务目标为培育学生良好职业道德、规范职业行为、增强食品安全意识、掌握专业基本技能。餐饮企业的主要产品就是菜点,烹制出色香味形俱佳的菜点是对烹饪工作者最基本的要求,也是餐饮一线烹饪岗位的基本保障。因此,学好、掌握好烹饪基本功底对烹饪专业的学生和烹饪岗位人员是十分重要的。

下面,我们就共同走进今天的学习任务。

任务实施

一、"中餐烹饪工艺基础"与本科烹饪专业、烹饪岗位的关系

❶ **"中餐烹饪工艺基础"是打开通往烹饪技术巅峰大门的钥匙** "民以食为天"这句话高度体现了人与吃之间的密切关系,但多数人对烹饪的理解还是比较片面,民间常有人对烹饪工作者冠以"烧火的""做饭的"的称号,与现代提出的美食家、营养师、烹饪大师的概念格格不入。传统烹饪倡导师傅带徒弟模式,注重手把手传授,而现代烹饪需打造具备工匠精神的复合型应用型人才。中餐烹饪工艺基础课程是本科烹饪专业入门前的必修课程。欲成为现代烹饪人才,必须握住打开通往烹饪技术巅峰大门的钥匙。中餐烹饪工艺基础是烹饪技艺传承与发展的根本保障。

随着现代社会经济条件和科学技术的发展,人们的生活节奏越来越快。对食品的需求不仅仅是果腹,在吃饱的情况下人们开始思考如何吃出营养、吃出健康,这就为烹饪工作者提出更高要求。只有在烹制色香味形俱佳菜肴的基础上不断完善与丰富菜肴内涵,才能满足餐饮市场的发展需求。

❷ **"中餐烹饪工艺基础"是烹饪专业学习的重要内容** 在烹饪与营养教育、食品质量与安全等本科专业的专业课程中占据重要地位,是主要必修课程。

❸ **"中餐烹饪工艺基础"是烹饪岗位必备的基础条件** 在人社部颁布的《国家职业技能标准——中式烹调师》《国家职业技能标准——西式烹调师》《国家职业技能标

准——中式面点师》《国家职业技能标准——西式面点师》中,应知应会的知识内容和菜点加工技艺内容都与"中餐烹饪工艺基础"有着密不可分的关系。

❹ **"中餐烹饪工艺基础"是提升餐饮从业人员素质,规范烹饪传统技艺的重要保障** 餐饮行业作为现代服务业中的主力军,在人们日常生活中扮演着不可或缺的重要角色。同时随经济社会发展和"互联网+餐饮"的深度融合,网络订餐、无人售卖等餐饮经营新理念、新模式、新业态、新方式、新手段不断涌现,餐饮产品也随之发生迭代,基于对传统产品改良的手段层出不穷。这些都与烹饪工艺基础有关。十九大报告中指出"中国特色社会主义进入新时代,我国社会主要矛盾已经转化为人民日益增长的美好生活需要和不平衡不充分的发展之间的矛盾"。随着我国旅游产业的迅猛发展,人们更加注重吃文化的打造,体现地方特色的菜品普遍得以挖掘与开发,这就需要一大批餐饮高素质应用人才,否则发展旅游产业将无从谈起。中餐烹饪工艺基础是旅游餐饮发展之基础。

❺ **学习"中餐烹饪工艺基础"是餐饮菜品质量的重要保障** 俗话说"巧妇难为无米之炊",舌尖上的中国积聚着成千上万道美味佳肴,这些一方面凝聚着我国劳动人民的智慧,另一方面体现出我国人民不断学习的良好美德,烹饪工艺基础无疑成为这成千上万美味佳肴制作的重要保障。

二、本课程的学习方法及要求

❶ **注重理实一体** "中餐烹饪工艺基础"课程形式主要为实训课,其根本目的是培育学生养成良好的职业行为,掌握制作美味佳肴的基本技能。课程通过餐饮行业烹饪岗位的典型任务目标进行演示与实训,实现专业基本技能的习得。

❷ **注重实践** 烹制工艺复杂的美味佳肴需要用手去完成,这就要求学生将学到的基本技能应用到餐饮实践当中去,也为后续对应课程的学习打下基础。

❸ **树立责任感和使命感** 作为一名烹饪专业的本科学生,一定要树立努力为社会主义建设事业做伟大贡献的远大理想,严格要求自己,学好专业基本技能,做好中华烹饪技艺的传承者和餐饮行业改革与创新的主力军,在努力成为餐饮行业中技艺精湛的名厨大师的同时,担负起新时代餐饮行业迅猛发展的责任与使命。

请简述"中餐烹饪工艺基础"与本科烹饪专业、烹饪岗位的关系。

项目二

烹饪从业者职业素养

项目描述

本项目包含两项学习任务,认知"职业道德标准"和认知"职业道德标准"与烹饪专业、烹饪工作的关系。通过此项目的学习,了解"职业道德标准"的概要及与烹饪工作的关系,掌握"职业道德标准"的主要内容,明确"职业道德标准"考核办法和学习方法,树立学好"职业道德标准",强化服务意识的使命感和责任感。

项目目标

1. 了解"职业道德标准"的概要及与烹饪专业、烹饪工作的关系。
2. 掌握"职业道德标准"的主要内容。
3. 明确"职业道德标准"考核办法和学习方法。
4. 树立学好"职业道德标准",强化服务意识的使命感和责任感。

任务一　认知"职业道德标准"

任务目标

1. 了解"职业道德标准"的概要。
2. 掌握"职业道德标准"的主要内容。
3. 明确"职业道德标准"考核办法。
4. 树立学好"职业道德标准",强化服务意识的使命感和责任感。

任务导入

为人民服务

毛泽东主席提出"全心全意为人民服务",这充分体现了社会主义道德的根本要求,是社会主义经济基础的客观需要,是建立和发展社会主义市场经济的要求,是履行职业职责的精神动力和衡量职业行为是非善恶的最高标准。"全心全意为人民服务"后来成为中国共产党宗旨的高度概括语言;在中华人民共和国成立后,还被中国共产党各级党政机关及其工作人员作为座右铭和行动口号加以使用。在新时代中国特色社会主义时期也非常需要这种精神。

烹饪工作是为市场提供美味食品和优质服务的工作,对烹饪工作者首要要求就是具备牢固的为他人服务的底线意识,才能全身心地做好烹饪工作。评价烹饪工作者往往从"德""理""艺"三方面入手,真正落实了"以德为先"的社会主义的教育理念。

下面,我们就共同走进今天的学习任务。

> **案例一** 一家餐饮企业在一次厨房工作例行检查中发现,厨房案台厨师加工猪肉时,未事先清洗,深入调查后发现,这种现象已发生很长时间了,原来是案台厨师未按厨师长要求去加工,理由是清洗很麻烦,反正顾客眼不见为净。
>
> **案例二** 一次顾客投诉菜肴有质量问题,原因是口味较重,并要求厨房重新制作一份,按企业管理规定,需对制作者予以处罚,对此炉台师傅内心很不满意,未按顾客要求重新制作,而仅仅是将原菜焯水后热一热,结果是再一次遭到投诉。

在实际工作中,诸如此类职业道德层面发生的问题层出不穷,如地沟油的使用、僵尸肉的使用、死鱼活做等,都反映出从业者的职业素养问题,随着社会的高速发展,提升从业者的职业道德素养迫在眉睫。

 任务实施

一、职业道德的概念

广义的职业道德是指从业人员在职业活动中应该遵循的行为准则,涵盖了从业人员与服务对象、职业与职工、职业与职业之间的关系。狭义的职业道德是指在一定职业活动中应遵循的、体现一定职业特征的、调整一定职业关系的职业行为准则和规范。不同的职业人员在特定的职业活动中形成了特殊的职业关系,包括了职业主体与职业服务对象之间的关系、职业团体之间的关系、同一职业团体内部人与人之间的关系,以及职业劳动者、职业团体与国家之间的关系。

二、烹饪工作者的职业道德标准

烹饪工作是为社会提供餐食服务的,需以社会主义核心价值观为准绳,突出强调爱岗敬业、诚实守信、办事公道、服务群众、奉献社会、素质修养。其职业道德标准具体体现为以下三个方面。

(一)具备较高的技能素质

烹饪工作者是以制作符合卫生和饮食质量标准的食品,为客人提供饮食服务的专业技术人员。应具有熟练的、过硬的专业技能和专业知识。比如,一种烹饪原料放在面前,厨师能够根据原料的本质特性,运用熟练的烹饪技艺,制作出符合市场需求的色、香、味、形、口感俱佳且受客人青睐的菜肴。现代餐饮厨房分工明确,岗位质量标准明晰，各岗位之间又关联紧密、不可分割，在熟练进行本岗位技能操作的同时，必须要充分了解上下工序的质量要求，才能准确把控菜品质量。一位合格的烹饪工作者必须是精通本区域菜品的烹调能手，并能触类旁通。无论是刀工、调味、火候、食雕、冷盘、小吃、装盘等都能得心应手，并且还具备成本控制、人员管理、文化打造、人员培训等能力。对于菜式要不断推陈出新，在行业起到领头羊的作用，从而使菜品独具风味特色，吸引更多更广的顾客。

（二）拥有渊博的知识

随着餐饮行业的迅猛发展，人们对饮食质量的要求日益提升，给烹饪工作者带来的压力和挑战越来越大。烹饪是一门综合科学，一道成功菜品的背后，需要强大的厨理作为支撑，娴熟的烹饪技艺并不能代表烹饪工作者的全部。只有具备烹饪营养学、烹饪原料学、烹饪卫生学、烹饪化学、烹饪美学、调味知识、餐饮管理、饮食心理学等知识才能适应餐饮新时代发展需求。这样方能赋予烹饪更多创造性的内涵和色彩。

（三）要有品行高尚的厨德修养

一家餐饮企业的兴衰，烹饪工作者是关键。新时代的餐饮业，竞争会更加激烈，社会餐饮人才间的竞争不可避免会加剧。学校已作为用人单位餐饮人才的选拔基地，并着眼于技术技能应用型人才选拔，着重培养餐饮人才的综合素质和人格素质。对烹饪工作者来说，人格就是厨德。德是才之师，是成就事业的基础。假如一个烹饪工作者表里不一、欺上瞒下、不求上进、损人利己、道德败坏，有谁愿意聘用你且与你共事呢？先做人再做事是时代赋予烹饪工作者的准则，高尚的人格和良好的厨德是现代烹饪工作者最重要的素质之一。要树立整体形象，提高个人的综合技术修养，要树立四个意识。

❶ **要有较强的团队合作意识** 劳动密集是餐饮厨房典型特点之一，多岗位之间相对独立又相互制约。一道菜肴的制作工艺流程是厨房各岗位通力协作完成的，而非一己之力所为。如：一道菜肴需经过烹饪原料购买、初加工、精加工、菜品配制、菜品烹制、装盘、出品等工艺环节才能完成。作为烹饪工作者只有在保证完成自己岗位工作的同时，加强与其他岗位的合作才能出效益。所以每一位工作人员都应充分认识到，厨房只有分工不同，没有贵贱之分，只有协作互助，厨房才能出效率出质量。

❷ **要有强烈的服务意识** 人们常说"顾客就是上帝，就是我们的衣食父母"，这句话在餐饮行业表现得尤为如此。每个人对菜肴的评判都有自己的尺度和标准，同样一道标准菜肴，不同的人评价是不一样的，说咸的、说淡的、说咬不动的、说过火的、说好吃的、说难吃的都大有人在。对此作为烹饪工作者不能表现为沮丧，要主动与客人沟通，真正了解问题原因，积极主动调整心态，努力改观菜品质量，以最大诚意做好服务工作，表现出良好的修养。

❸ **要有厨德意识** 菜品如人品，做菜如同做人。遵守社会公德和法律法规及公司、企业的规章制度是毋庸置疑的。同时，厨师必须遵守行业的职业道德，严格执行《中华人民共和国食品安全法》《中华人民共和国环境保护法》，同样要有爱心、平常心和超凡的胸襟气度，才能成大器。

❹ **要有创新意识** 时代在变，人们对饮食的需求和消费观念也在变，菜肴并非古董，越老越好，必须要推陈出新，吸取传统精华，古为今用，洋为中用。将传统烹饪技术

与现代餐饮理念巧妙搭配,寓庄于谐、寓巧于拙,运用创造性思维,通过借鉴、移植、嫁接、杂交等手法,创造和研制不同的特异菜品。只有不断创新,才能吸引客人,占领市场,厨师本身才能具有长久的生命力和竞争力。

任务检验

一、填空题

职业道德是指从业人员在职业活动中应该遵循的行为准则,涵盖了从业人员与_____、_____、_____之间的关系。

二、选择题(多选)

烹饪工作是为社会提供餐食服务的,需以社会主义核心价值观为准绳,突出强调(　　)。

A. 爱岗敬业,诚实守信

B. 办事公道,服务群众

C. 奉献社会,素质修养

三、简答题

烹饪工作者的职业道德标准具体体现在哪几个方面?

任务二　认知"职业道德标准"与烹饪工作的关系

任务目标

1. 了解"职业道德标准"与烹饪工作的关系。
2. 明确"职业道德标准"的学习方法。
3. 树立学好"职业道德标准",强化服务意识的使命感和责任感。

任务导入

先做人后做事

"立德树人"为教育的根本任务,要把立德树人融入思想道德教育、文化知识教育、社会实践教育各环节,贯穿基础教育、职业教育、高等教育各领域。在社会领域人们常用"先做人后做事"这句话来鞭策自己的行为,"做事"贯穿我们生活的每一个细节,"做人"要以诚立德。现代服务业的烹饪工作者在提高个人能力的同时,更要重视道德的修养,这样才能使个人的能力有所依归,并形成德行与才能互为依托、相辅相成的良性循环,最终成就崇高的品德和伟大的事业。

下面,我们就共同走进今天的学习任务。

任务实施

一、"职业道德标准"与烹饪专业、烹饪工作的关系

"民以食为天",吃伴随着人的生命始终,这是人类生存与发展的自然规律。烹饪专业、烹饪工作是体现"民以食为天"的重要载体,学好和养成良好的职业道德则是做好烹饪工作的前提。

中国特色社会主义进入新时代,我国社会主要矛盾已经转化为人民日益增长的美好生活需要和不平衡不充分的发展之间的矛盾。现代餐饮业必须解决好人们如何从温饱到吃好的问题,吃出营养吃出健康,这就要求社会培养大批德才兼备的烹饪工作者。

❶ **"职业道德标准"是烹饪专业学习的重要内容** 培养什么人、如何培养人,是我国社会主义教育事业发展中必须解决好的根本问题。大学生是国家宝贵的人才资源,是民族的希望、祖国的未来。要使大学生成长为中国特色社会主义事业的合格建设者和可靠接班人,不仅要大力提高他们的科学文化素质,更要大力提升他们的职业道德修养,只有真正把这项工作做好了,才能确保餐饮行业的健康发展。"职业道德标准"是烹饪专业学习的重要课程内容。

❷ **"职业道德标准"是走进烹饪岗位的基础条件** 现代餐饮业实行的"明厨亮灶"行动,为烹饪工作者打开了一扇窗。面对面的供餐方式实际上对烹饪工作者的职业形象展现提出了更高要求。拥有良好职业道德修养,才能适应现代餐饮业发展的需求。

❸ **"职业道德标准"是现代餐饮发展的保障** 2000年以来,我国城镇居民人均年度在外用餐支出持续增长,至2012年达1315.09元,比2000年的287.80元增长了356.95%,复合增长率达13.50%。同时,在外用餐支出占总消费性支出的比例从2000年的5.76%波动上升到2012年的7.89%。外出用餐需求的上升趋势将使得餐饮消费在城镇居民整体消费结构中的地位更加重要,并促进我国餐饮行业的进一步增长。同时"互联网+餐饮"的渗透融合为餐饮企业提供了全新的销售渠道,也使得企业能够与消费者建立更加紧密的联系。餐饮O2O在经历了过去几年的快速发展后,在整体餐饮市场中的渗透率已经达到了5%,对餐饮行业的增长贡献变得不容忽视。同时,基于企业运营的数字化转型也大大提高了企业的经营效率。在线支付也已经成为餐饮支付的主要手段,中国烹饪协会的调研数据显示,第三方平台现场支付的比重从2015年的9.9%跃升至2016年的35.6%,同比增长超过360%,以支付宝、微信为代表的第三方支付的快速渗透改变了传统的交易方式,也使得商家可以有新的方式和手段来与消费者对话并且更加直接全面地收集利用消费者数据。餐饮业的快速发展,必须拥有一大批高素质应用型人才才能满足市场需求,养成良好的职业道德是餐饮业健康发展的保障。

❹ **学习"职业道德标准"是《中华人民共和国食品安全法》在餐饮行业实施的重要手段** 《中华人民共和国食品安全法》中明确了烹饪工作者必须为消费者提供安全可靠的食品,而具备良好的职业道德是《中华人民共和国食品安全法》在餐饮行业具体落实的前提。

二、"职业道德标准"的学习方法及要求

❶ **注重理实一体** "职业道德标准"的学习形式主要为实训课,其根本目的是培育学生养成良好的职业品德和行为,职业道德标准贯穿烹饪工作的全过程。

❷ **注重实践** 职业道德的养成不是一蹴而就的,必须在实践中逐步习得,才能规范职业行为,也能为后续课程的学习打下基础。

❸ **树立责任感和使命感** 作为一名烹饪专业的本科学生,一定要树立努力为社会主义建设事业做伟大贡献的远大理想,严格要求自己,学好专业基本技能,做好中华烹饪技艺的传承者和餐饮行业改革与创新的主力军,在努力成为餐饮行业中技艺精湛的名厨大师的同时,担负起促进新时代餐饮行业发展的责任与使命。

→ 任务检验

请简述职业道德与烹饪专业、烹饪工作的关系。

项目三

烹饪从业职业标准

项目描述

本项目包含三项学习任务,认知"烹饪从业者着装标准""体能训练""中式烹调师(中、高级)等级标准"与烹饪专业、烹饪工作的关系。通过本项目的学习,了解"烹饪从业职业标准"与烹饪工作的关系,掌握"烹饪从业职业标准"的主要内容,明确"烹饪从业职业标准"考核办法和学习方法,树立学好"烹饪从业者的职业标准",强化服务意识的使命感和责任感。

项目目标

1. 了解"烹饪从业职业标准"中"烹饪从业者着装标准""体能训练""中式烹调师(中、高级)等级标准"与烹饪专业、烹饪工作的关系。
2. 掌握"烹饪从业职业标准"的主要内容。
3. 明确"烹饪从业职业标准"考核办法和学习方法。
4. 树立学好"烹饪从业职业标准",强化服务意识的使命感和责任感。

任务一 烹饪从业者着装标准

任务目标

1. 了解烹饪从业者着装标准规范。
2. 明确"烹饪从业者着装标准"任务的学习方法。

任务导入

俗话说:"人靠衣衫马靠鞍",烹饪工作者工作服的穿戴有严格要求,可以说穿戴整洁的工作服一方面展现出从业者的精神面貌,更主要是表现出一种职业素养。厨师同医师一样都是"白衣天使",从事的都是与老百姓生命和健康相关的大事,自然需要打造干净卫生的职业形象,制作出符合卫生安全的食品。

下面,我们就共同走进今天的学习任务。

 任务实施

一、仪表仪容总体要求

部位	女士	男士
头发	修剪整齐 干净 长发盘在脑后	修剪整齐 干净 短发(不长过衣领)
面部	干净 微笑	干净 微笑
眼镜	合适大方 镜片明亮	合适大方 镜片明亮
鼻子	清洁 修剪鼻毛	清洁 修剪鼻毛
耳朵	不佩戴耳钉、耳环等	不佩戴耳钉、耳环等
指甲	短且修剪好 不涂指甲油	短且修剪好 不涂指甲油
袜子	黑色	黑色
鞋子	干净并擦亮 防滑底厨房鞋,安全	干净并擦亮 防滑底厨房鞋,安全
首饰	不戴手镯、项链 不戴戒指	不戴手镯、项链 不戴戒指
工作服	干净、整齐、合身 无撕破和纽扣遗落	干净、整齐、合身 无撕破和纽扣遗落
姿势	正直、自信	正直、自信
举止	礼貌 职业化 友善	礼貌 职业化 友善

二、具体细节要求

（1）双手整洁，手指不留长指甲，不涂指甲油，不戴美甲。

 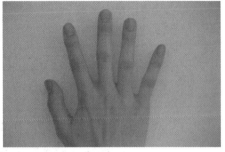

（2）男生头发不宜过长，不宜烫发、染发。女生头发为齐肩短发，不宜染烫。

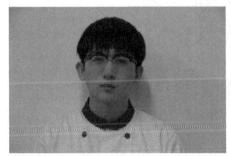 

（3）佩戴帽子后，额头无头发露出；侧面不宜裸露过多头发。

 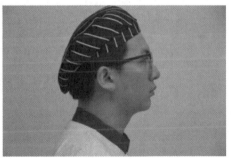

（4）女生佩戴帽子前，应将头发扎起来。

（5）女生佩戴帽子后如图所示。

（6）男生、女生均不允许佩戴耳钉、耳环等饰品。

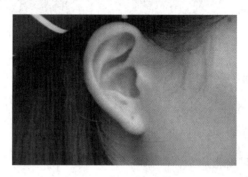

三、佩戴领巾的步骤

（1）首先将领巾对折如下图手法放置；然后将长端对折一下如下图所示。

（2）再将领巾长端依次对折如图所示。

（3）最后将短的一端折进领巾卷里即可。

四、围裙佩戴示意图

 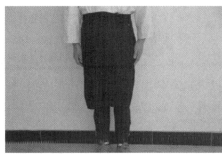

五、本任务的学习方法及要求

（1）注重理实一体，"烹饪从业者着装标准"任务形式主要为实训课，其根本目的是培育学生养成良好的职业规范标准，贯穿烹饪工作的全过程。

（2）注重实践，规范职业行为，为后续课程的学习打下基础。

任务检验

厨房工作人员上岗前对头发、手、面部的卫生要求有哪些？

任务二　体能训练

任务目标

1. 理解体能训练的概念及其特点。
2. 了解体能训练的必要性。
3. 掌握体能训练的分类。
4. 掌握体能训练的途径与方法。

任务导入

烹饪与营养教育专业的人才培养目标确定为培养适应现代餐饮与食品加工行业以

视频：
烹饪健身操

及烹饪教育领域需要，德、智、体、美全面发展的人才，其中"体"就是指身体素质。烹饪工作者必须具备一定的身体力量、耐力和协调性，才能满足劳动强度大、工作时间长、协调性高的烹饪工作。烹饪工作属于站姿操作类，主要对从业者的站姿、腕力、臂力、腿力及协调性有较高要求。针对新时代学生的身体素质状况，特别是对学习烹饪专业的学生，必须强调身体体能要达到训练要求，才能适应烹饪专业学习，为烹调技能的提升打下基础。

今天我们就来学习体能训练。

 任务实施

一、体能训练的概念及特点

体能是人的身体健康水平、大脑机能状态及人体基本活动能力（走、跑、跳、投、攀爬、支撑、搬运、负重、平衡、翻滚等人们在日常生活、劳动和运动中不可缺少的基本能力）等生理、心理状况的综合反映，是人本身具有的认识世界、改造世界的基础条件和能力之一。

体能训练是烹饪工作最基本的一项学习内容。这是烹饪工作的特点所决定的，一般情况下烹饪岗位存在着物资搬运、食物加工、食物加热烹制等工作，其对负重、耐力及协调能力的要求较为突出，对身体素质有特定要求，否则无法适应现场劳作要求，完成不了工作。

二、体能训练的必要性

❶ **刀工运作的需求**　施展烹饪刀工是展现菜点美观程度的主要举措，精湛的刀工需要一定的身体协调能力和臂力、腕力去实现。如湖北菜肴代表作品珊瑚鳜鱼就要求厨师具备一定的体能才能将珊瑚花刀表现得活灵活现。

❷ **勺工运作的需求**　勺工技艺展现的是娴熟的颠勺功底，如爆炒腰花、拔丝香蕉等菜品，没有高超的颠勺技能是达不到菜肴出品要求的，只有将沉重的炒锅使用手臂力量和手腕力量进行颠勺才能确保菜肴质量。

❸ **复杂环境的劳作需求**　中餐厨房是菜肴制作的"车间"，其内布局繁多的加工岗位和加热设施（即设备），运行时这些岗位既相对独立又相互关联，交叉现象频繁，稍有不慎就会碰撞发生事故，如没有较强的身体协调能力作基础，厨房内的安全就难以确保。

❹ **长时间高效率的出品需求**　中餐出餐时间较为集中，许多餐厅一开餐就出现火爆场面，人员上岗后就会持续高强度工作，如果没有较好的体能和足够的耐力作保障，就难以高质量完成岗位工作。

三、体能训练的分类

依据烹饪岗位工作特点，对从业者身体体能有基本要求，特别是对手、腿、腰、颈等部位的力量并对身体各部位的柔韧性、协调性及耐力有一定要求，故在体能训练时需针对这些部位进行专门训练，以达到岗位工作要求。

❶ **力量训练** 烹饪岗位工作中涉及食物搬运、食物加工、菜肴烹制等使用力量的机会,如果从业者的身体力量不足,就会出现损伤身体局部的现象,发生安全事故。力量训练是从业者的基本要求。

❷ **协调性训练** 厨房或食品加工场所都体现出劳动密集型特点,设施设备布局紧密,锅碗瓢盆使用频繁,高温食品、汤料等交叉运行,这就要求从业者必须具备较强的身体柔韧度,保持较好的协调性和灵敏性,才能适应复杂环境下的工作。

❸ **耐力训练** 餐饮企业的经营生产一般都是前店后厂的模式,具有现点现制的特点,对于一家生意火爆的餐厅,从业者只要上岗就得持续工作 4~5 小时,如遇节假日会持续 8 小时以上,对于这样高强度的连续工作没有一定的耐力作为保障,就不可能保质保量完成工作。

四、体能训练的实施途径

体能训练可以利用烹饪实践操作课专门进行,如刀工训练、翻勺训练、持重训练等。同时要与体育课相结合,利用哑铃、双杠以及单杠等器械,进行腕力、臂力和腿力等项目训练。平时也可利用课余时间进行跑步锻炼,提高学生的体能耐力。勺工和刀工操作时主要运用腕力、臂力和腿力。在勺工操作时,多数人的左手远赶不上右手灵巧有力,所以要加强左手的腕力和臂力训练,才能进一步练好勺工;刀工操作时,右手持刀操作主要依靠腕力的运用,同时在长时间操作时臂力的大小更重要。

❶ **腕力训练** 手腕是我们用得较多的关节,也是人体脆弱的关节之一,手腕的力量训练要科学地进行。要根据自己的实际情况进行选择性的练习,安全第一,规避损伤。

(1) 持物屈伸。双腿分开,与肩同宽,掌心向上,腕横放,反握或正握哑铃,手腕用力,进行屈伸练习,连续做 8~12 次为一组,做 3~4 组。腕弯举的动作要慢。训练时可根据自身体能逐步增加练习次数并调整哑铃重量,屈呼气,伸吸气,不要憋气,练习要持之以恒、循序渐进,不可急于求成。

（2）俯卧撑（男生）。身体俯卧，两脚并拢，前脚掌着地，两脚伸直，收腹收臀，将10个手指头张开撑地。双手距离比肩略宽，面朝地面，肘关节重复屈伸至90°，连续做俯卧撑，8～12次为一组，做3～4组。做俯卧撑时要根据个人的指力大小确定手指张开的程度，指力弱者五指尽量靠拢，指力强者五指可尽量分开，足部也可垫高些。

（3）跪姿俯卧撑（女生）（下图由男生示范，仅供参考）。身体俯卧成跪姿，两膝并拢着地，头肩臀在一条直线上，收腹收臀，将10个手指头张开撑地，双手距离比肩略宽，面朝地面，肘关节重复屈伸至90°，连续做8～12次为一组，做3～4组。做俯卧撑时要根据个人的指力大小确定手指张开的程度，指力弱者五指尽量靠拢，指力强者五指可尽量分开。

❷ **臂力训练**

（1）屈臂持物。身体自然站立，双手持重物，双臂贴身夹紧，上臂与下臂弯曲约成30°角，时间逐渐延续到1～3分钟。训练时端物要端平端稳，根据体能状况逐步增加练习的频率。

（2）直臂持物。身体自然站立，双手持重物，双臂贴身夹紧，上臂与下臂弯曲约成150°角，时间逐渐延续到1～3分钟。训练时端物要端平端稳，根据体能状况逐步增加练习的频率。

（3）引体向上。双手正握杠，握杠的距离与肩同宽既可，两臂自然伸直，两腿伸直并拢，身体自然下垂，头要正，颈要直，接着两臂迅速发力，两肘内夹（贴近肋侧），屈臂拉杠使身体向上，下颌过杠，屈臂悬垂，可在杠体上适当停顿3秒，然后伸直两臂，还原成开始姿势，每组8～12次，做3～4组。训练时两手握杠距离不可过宽或太窄，向上时身体不要摇动，将身体往上拉时呼气，下垂时吸气。

项目三　烹饪从业职业标准

❸ 腰背部力量训练

（1）俯卧两头起。俯卧在垫子上,手伸过头顶,呼气时头脚一起抬起,吸气向下,连续做 8～12 次为一组,做 3～4 组。双重挺身锻炼腰部的效果,综合锻炼下背部、后腰、臀部。

（2）悬垂抬腿（男生）。双手正握杠，握杠的距离与肩同宽即可，两臂自然伸直，两腿伸直并拢，身体自然下垂，头要正，颈要直，接着发力，提腿至大腿超过水平面，适当停顿1~3秒，然后伸直双腿，还原成开始姿势，每组8~12次。训练时两手握杠距离不可过宽或太窄，向上时身体不要摇动，腿上抬时呼气，下垂时吸气。与仰卧抬腿相比要求有一定手臂、肩的力量才能保持身体必要的稳定性，才能锻炼到下腹。

（3）平板支撑（女生）（下图由男生示范，仅供参考）。屈肘，小臂与前脚掌撑地，耳、肩、髋、膝、踝呈一条直线；手肘朝脚的方向用力，脚尖用力向前勾起，与地面摩擦力对抗，小臂按紧地面，自然呼吸不憋气；肩部、背部、臀部、整个腹部都应该有紧绷感，其中腹部最强烈，30秒一组，做3~4组。

❹ **腿部力量训练**

（1）深蹲。腰背挺直，脚跟与肩同宽，膝盖与脚尖方向一致，不要内扣，掌心相对，手臂前平举；下蹲动作自然流畅，臀部向后移动，至最低点时大腿与地面近似平行，然后起身还原，全程保持腰背挺直；下蹲时吸气，起身时呼气，一组8~12次，做3~4组；下蹲时，臀部和大腿前侧有轻微牵拉感，蹲起时，臀部和大腿前收缩发力，臀部更加明显。

（2）行进箭步蹲。双脚自然平行站立，腰背挺直，双手叉腰；向前迈出成弓步，前脚

踝、膝、髋三个关节成 90°，后腿脚尖向前与膝关节在同一方向，换脚向前迈出，动作与之前一致。屈膝时吸气，伸膝时呼气；大腿前侧有酸胀感。每组 8~12 步，做 3~4 组。

任务检验

1. 请简述体能训练的必要性。
2. 体能训练的分类有哪些？

任务三 中式烹调师(中、高级)等级标准

任务目标

1. 了解中式烹调师(中、高级)等级标准。
2. 明确中式烹调师需掌握的核心技能与相关知识。

任务导入

21世纪是经济高速发展的时代,世界各国综合国力的竞争的焦点,主要是经济和科技实力的竞争,市场竞争将面对更加激烈、更加残酷的态势,从而引发技能型人才的竞争。人才培养特别是高技能型人才的培养将长期处在供不应求的状态。餐饮高技能人才将为化解社会主要矛盾做出积极的贡献,实现人们对美好生活的追求。餐饮技能型人才培养的标准也随时代的发展而逐步优化,新时代对餐饮人才考核的层次分为五档,即初级、中级、高级、技师和高级技师。不同层次知识、技能都有对应的要求,下面就让我们一同走进课堂,共同学习相关内容。

任务实施

一、中式烹调师中、高级等级标准

(一)中级

职业功能	工作内容	技能要求	相关知识
烹饪原料的初加工	鸡、鱼等的分割取料	剔骨手法正确,做到肉中无骨,骨上不带肉	动物性原料出骨方法
	腌腊制品原料的加工	认真对待腌腊制品原料加工和干货涨发中的每个环节,对不同原料、不同用途使用不同方法,做到节约用料,物尽其用	1.腌腊制品原料初加工方法
	干货原料的涨发		2.干货涨发中的碱发、油发等方法
烹饪原料的切配	各种原料的成形及花刀的运用	刀工熟练,动作娴熟	刀工美化技法要求
	配制本菜系的菜肴	能按要求合理配菜	配菜的原则和营养膳食知识
	雕刻简易花形,对菜肴作点缀装饰	点缀装饰简洁、明快、突出主题	烹饪美术知识
	维护保养厨房常用机具	能够正确使用和保养厨房常用机具	厨房常用机具的正确使用及保养方法

续表

职业功能	工作内容	技能要求	相关知识
菜肴制作	对原料进行初步熟处理	正确运用初步熟处理方法	烹饪原料初步熟处理的作用、要求等知识
	烹制本菜系风味菜肴	1. 能准确、熟练地对原料进行挂糊、上浆 2. 能恰当掌握火候 3. 调味准确,富有本菜系的特色	1. 燃烧原理 2. 传热介质基本原理 3. 调味的原则和要求
	制作一般的烹调用汤	能够制作一般的烹调用汤	一般烹调用汤制作的基本方法
	一般冷菜拼盘	1. 冷菜制作、拼摆、色、香、味、形等均符合要求 2. 菜肴盛器选用合理,盛装方法得当	1. 冷菜的制作及拼摆方法 2. 菜肴盛装的原则及方法

（二）高级

职业功能	工作内容	技能要求	相关知识
烹饪原料的初加工	整鸡、整鸭、整鱼的出骨	整鸡、整鸭、整鱼出骨时应下刀准确,完整无破损,做到综合利用原料,物尽其用	鸡、鸭、鱼骨骼结构及肌肉分布
	珍贵原料的质量鉴别及选用	能够鉴别珍贵原料质量并选用	1. 珍贵原料知识及涨发方法 2. 干货涨发原理
	珍贵干货原料的涨发	能够根据干货原料的产地、质量等,最大限度地提高出成率	
烹饪原料的切配	制作各种茸泥	茸泥制作精细,并根据不同需要准确达到要求	各种茸泥的制作要领
	切配宴席套菜	造型完美,刀工精细	宴席知识
	食品雕刻与冷菜拼摆造型	食品雕刻及冷菜拼摆造型形象逼真	烹饪美术知识
菜肴制作	烹制整套宴席菜肴	1. 菜肴的色、香、味、形符合质量要求 2. 根据宴席要求统筹安排菜肴烹制时间和顺序	1. 合理烹饪的知识 2. 少数民族的风俗和饮食习惯
	制作高级清汤、奶汤	清汤、奶汤均达到质量标准	制汤的原理和原则

25

项目四

中餐菜点加工流程

项目描述

本项目包含餐饮厨房菜点制作工艺流程和中央厨房产品生产流程两项学习任务。通过本项目的学习,了解、熟悉餐饮厨房菜点和中央厨房产品生产流程。

项目目标

1. 了解餐饮厨房菜点制作工艺流程和各岗位工作内容。
2. 了解中央厨房产品生产流程和各岗位工作内容。

任务一 餐饮厨房菜点制作工艺流程

任务目标

1. 了解厨房生产流程。
2. 熟悉厨房各岗位的工作内容。

任务导入

中餐菜肴制作是一个系统工程,从菜肴原料的购进、验收、入库、领用,到初加工、精加工、组配、烹制,再到出品等,需要一个漫长的过程。每个环节都需要不同岗位的人去工作,真正体现出劳动密集型特点,任何一个环节出了问题,都会使流程不畅通,导致质量下降,企业效益受损。故每位餐饮工作者在上岗前必须熟悉厨房工作流程及工作标准。

任务实施

一、厨房生产流程图

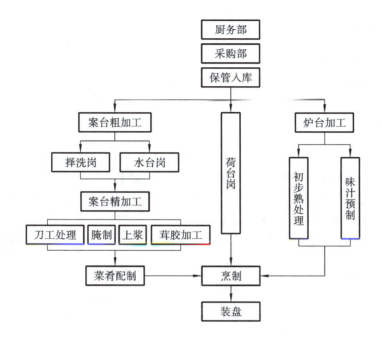

二、厨房各岗位的工作内容

❶ **厨务部** 厨房管理部门,是厨房运作的大脑,也叫指挥中心。
❷ **采购部** 主要负责食材的采购。
❸ **库管** 主要负责厨房所有物品的进出与管理。
❹ **择洗岗** 主要负责植物性食材的择洗和餐具清理。
❺ **水台岗** 主要负责动物性食材的初加工。
❻ **案台岗** 主要负责食材的刀工处理、腌制、茸胶加工和菜肴组配,控制菜肴成本。
❼ **荷台岗** 主要负责餐具的清理、炉台调料的准备、料头准备、菜肴盘饰及装盘、菜肴出品等。
❽ **炉台岗** 主要负责菜肴烹制。

任务检验

中餐厨房案台精加工包括哪些流程?

任务二　中央厨房产品生产流程

任务目标

1. 了解中央厨房产品(菜品)生产流程。
2. 熟悉中央厨房加工车间各岗位的工作内容。

任务导入

党的十八大以来,全面从严治党进入高压态势,八项规定得到广大人民群众的鼎力支持,人们的消费观念得以较大幅度的改变,为社会餐饮转型发展创造了良好的环境。餐饮集约化特点日渐突出,连锁餐饮、团膳餐饮迅速占领市场,为中央厨房的建造奠定基础,餐饮人才的核心竞争力也发生较大变化,故现代餐饮工作者的知识及能力内涵也随市场变化而变化。现代餐饮工作者必须了解与熟悉中央厨房产品生产流程。

任务实施

一、中央厨房产品生产流程图

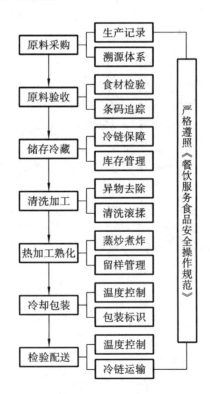

二、各流程的工作内容

❶ **原料采购**　主要负责采购中央厨房所需的日常用品、食材、设备等。
❷ **原料验收**　主要负责食材检验、入出库和食材的追踪。
❸ **储存冷藏**　主要负责原料、半成品、成品的储存与冷藏和出库记录。
❹ **清洗加工**　主要负责食材的择洗和餐具清理。
❺ **热加工熟化**　主要负责菜肴产品的熟制加工与产品留样。
❻ **冷却包装**　主要负责菜品的冷却与包装。
❼ **检验配送**　主要负责配送食品的出库质量与批量配送。

食品加工全程严格执行食品安全操作规程。

任务检验

请简述中央厨房产品生产流程。

第二部分

烹饪加工工具

项目五

烹饪加工工具的选择与使用规范

项目描述

刀具、砧板、磨刀石是烹饪原料加工操作中必备的用具,他们在烹饪初加工中起着主导作用。这些加工工具的质量优劣,使用方法是否正确,都会对烹饪产品产生较大的影响。为满足不同类别的烹饪原料初加工和烹饪工艺的要求,有必要掌握烹饪加工工具的性能和用途,保证烹饪原料加工成形后的质量、标准和要求。

项目目标

1. 了解各种刀具的使用和要求,掌握常用刀具的种类、用途以及对刀具的选择、鉴别和保养。
2. 了解砧板的使用及要求,掌握常用砧板的种类、用途以及对砧板的选择、鉴别和保养。
3. 了解磨刀石的使用和要求,掌握磨刀石的种类、用途以及对磨刀石的选择、鉴别和保养。

任务一 刀具的选择与使用规范

任务目标

1. 了解刀具的使用和要求。
2. 掌握常用刀具的种类、用途以及对刀具的选择、鉴别和保养。

任务导入

"食不厌精,脍不厌细"

中国烹饪以选料精细、注重刀工、讲究火候而闻名中外。刀工技能在中国烹饪中有着重要的意义。早在两千多年前我国著名的政治家、思想家、教育家孔子就为中国的烹饪刀工提出了"食不厌精,脍不厌细""割不正不食"的刀工操作要求,可见我们祖先对烹饪中的刀工有着极高的要求,刀工对中国烹饪有着重要的意义。俗语说"工欲善其事,必先利其器",烹饪行业中也有"三分手艺七分刀工"的说法,精湛的刀工,有赖于好的利器,正如"好马配好鞍"。用于刀工技能操作的刀具必须选择合适,同时保持锋利、光亮不锈、不变形等特点。

> 任务实施

一、刀具选择

（一）刀工的主要用具

所谓刀工用具,是指在加工烹饪原料过程中所使用的工具,主要包括各种刀具和衬垫工具等用具。由于烹饪原料品种繁多、性质各异,因此加工中所使用相关用具时有变化。如菜刀主要是切制分割原料时使用;尖刀主要用于大型的烹饪原料;剁骨头时主要使用砍刀;衬垫用的砧板材质有木质、竹质、塑料等。要学好并掌握好刀工技术,就必须了解和掌握刀工用具方面的知识。

（二）刀的种类及主要用途

中餐烹饪原料种类繁多,性质各异,有的带皮,有的带筋,有的带骨,有的韧性较强,有的质地脆嫩,只有了解和掌握好各种类型刀具的不同性质和用途,才能根据原料的不同性质选用相应的刀具,将不同性质的原料加工成整齐、美观、均匀一致,适合于烹调要求的形状。

刀具种类很多,较为常见的有切刀、片刀(也叫薄刀)、砍刀(也叫劈刀)、尖刀、前切后砍刀、烤鸭刀、羊肉片刀(也叫涮羊肉刀)、出骨刀、烤肉切刀、鳗鱼刀、生鱼片切刀、冷冻切刀、奶酪刀、剪刀(即剪子)等。

❶ **切刀** 刀身略宽,长短适中,应用范围较广,既能用于切、片、剁等加工片、条、丝、丁、末、块、茸泥等原料形状,又能用于加工略带碎小骨或质地稍硬的原料,应用范围较为广泛。切刀从形状来划分,可分为马头刀、方头刀和圆头刀等。根据各地的饮食习惯,圆头刀一般在江、浙等地常用;方头刀一般在川、粤等地使用较多;马头刀习惯上被称为北京刀,主要在北方各地餐饮厨房中使用。

❷ **片刀** 片刀具有重量较轻、刀身窄而薄、钢质纯、刀口锋利、使用灵活方便等特

点。主要用于加工植物性和动物性肉类食材,切成片、条、丝等形状。

❸ **砍刀** 刀身比切刀长而宽、重,呈拱形。主要加工带骨或质地坚硬的原料,如砍猪头、鸡、鸭、鹅、排骨等,是一种专门用于加工大型原料的刀具。

❹ **尖刀** 尖刀刀形前尖后宽,基本呈三角形,重量较轻。多用于剖鱼和剔骨,在西餐制作中使用较多。

❺ **前切后砍刀** 刀身大小与一般切刀相同,刀的根部较切刀略厚,前半部分薄而锋利,重量一般为1000～1500克。特点是既能切又能砍。

❻ **烤鸭刀（也称小片刀）** 形状和片刀基本相似，区别在于刀身比片刀略窄而短，重量轻，刀刃锋利。专用于片熟烤鸭肉。

❼ **羊肉片刀** 重量较轻，一般在 500 克左右，特点是刀刃中部呈弓形。刀身较薄，刀口锋利，是切涮羊肉片的专用刀具。

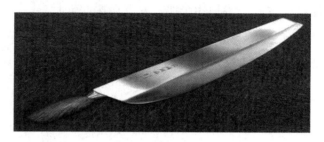

❽ **出骨刀** 出骨刀成一字形，多为不锈钢刀，有塑料柄及铁柄两种，刀身长 22 cm 左右、宽 2 cm、厚 1 mm，刀身三面有刀刃。而其中一边有 1/2 长刀刃，靠刀柄处无刀刃的一段刀身可以放食指，作横批腹刺时手指抵刀发力之用。刀身的三面刀刃不宜过分锋利，只要能把鱼肉割开而不易将鱼皮划破即可。当右手持出骨刀，刀尖放砧板上稍微用力向下按时，刀身略呈弓形，手感到有弹性为佳；若手按时的感觉太软，则出骨时不好用力，反之，太硬也不方便操作。

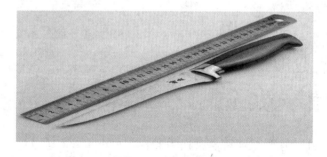

❾ **烤肉切刀** 在烤肉店里当着客人的面切肉的刀。因刀引较长，故可切大的肉块。

⑩ **鳗鱼刀** 可用于剖、切鳗鱼,适用于烹饪原料的精加工。

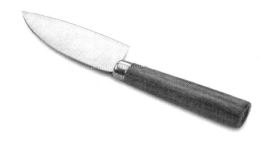

⑪ **生鱼片切刀** 用来剥鱼皮、切薄片,做生鱼片。这种刀是划切。

⑫ **冷冻切刀** 刀刃呈锯齿状,冻结的鱼、肉不必解冻也可用此刀切开。

⑬ **奶酪刀** 刀刃呈波浪形,切下的奶酪不会粘在刀上,故可切得很整齐。

⑭ **剪刀(剪子)** 多用于加工整理形体不规则的原料。如鱼类原料的外鳍、虾蟹原料的须或脐等。

此外还有牛刀(西餐刀具)、年糕切刀、鲑鱼刀、西红柿刀、豌豆刀(小型牛刀)、倒棱刀、葡柚刀、栗子刀、柠檬刀、马铃薯刀、切面包刀、婚宴蛋糕切刀、切夹心蛋糕刀等。

二、刀具使用规范及保养

(1) 操作时要爱护刀刃,对各种刀具要使用得当,如片刀不宜斩、砍,切刀不宜砍大骨,且运刀时以能断开原料为度,合理使用刀刃部,落刀如遇到阻力,应及时检查有无骨渣,否则易伤刀刃。

(2) 每次使用完刀具必须用热水将刀面洗净,并擦干水或油脂等,特别是切部分带咸味或带黏性的原料(咸菜、榨菜、藕、菱角)时更是如此。因原料中的鞣酸易氧化而使刀面发黑,并且盐渍对刀具有腐蚀性,如不及时将刀擦洗干净,会影响刀具的使用寿命。

(3) 长时间不用的刀具,应在刀身的两面涂上油脂以防生锈。经清洁擦拭后的刀具要放在刀架上,刀刃不可放在硬物上。

(4) 传递刀具时,要将刀柄朝向对方,刀刃向下,等到对方拿稳刀柄后才可松手。切记不可玩弄刀具,否则极易发生危险。

(5) 携刀具走路时,右手横握刀柄,紧贴腹部右侧,刀刃向下。切忌刀刃朝外,手舞足蹈,以免伤害到他人。

(6) 操作完毕后应将刀放置在墩面中间,前不出刀尖,后不露刀柄,而且刀背、刀刃都不应露出墩面。错误的刀具摆法不但会损害刀具的正常使用功能,还会对自己或他人造成伤害,所以日常生活中应养成良好的用刀习惯。

刀是我们烹饪工作中不可缺少的工具,精心养护的刀更好用,也能用得长久。

> **任务检验**

1. 如何根据不同的原料选择合适的刀具?
2. 如何对刀具进行合理的保养?

任务二　砧板的选择与使用规范

任务目标

1. 了解砧板的使用及要求。
2. 掌握常用砧板的种类、用途以及对砧板的选择、鉴别和保养。

任务导入

砧板是烹饪原料切配中的辅助工具。砧板又称为菜墩、砧墩、剁墩。砧板是烹饪原料进行刀工操作时的衬垫工具。砧板质量的优劣不但会影响刀工技能的操作，同时也会影响烹饪原料切配成形的质量。因此，认识和掌握好砧板的种类、特点、选择方法和保养措施对高质量完成烹饪工作有重要的意义。

> **案例**　我国在改革开放初期，餐饮业发展迅猛，但菜肴加工环境还是没有得到较大改观，如：凉菜制作时还是选用传统的木质砧板，由于木质砧板凹槽较多，易于细菌生长，故凉菜制作时常因细菌指标超标而影响食客身体健康，严重时还会出现食物中毒，后期由于塑料砧板的出现，才使这种现状得以改善，极大增加了凉菜制作时食品卫生安全系数。

任务实施

一、砧板的选用与保养

（一）砧板的种类

砧板按材质分为木质、塑料、竹质等。其中烹饪行业主要使用木质砧板和塑料砧板。木质砧板有橄榄木、银杏木、楠木、柳木、榆木、椴木、杨木、栗木、铁木等。木质砧板分整料和拼接两种。

木质砧板

塑料砧板

（二）砧板的选择

砧板质量的好坏,关系到刀工技术能否正常发挥及原料成形质量的高低。用于制作木质砧板的材料,要求树木质地坚实、木纹紧密、弹性好、不损刀刃,树皮完整、无裂纹,树心不空、不烂,且砧板颜色比较均匀,没有花斑,优质砧板同时还要具备下列三个条件。

❶ **抗菌效果好** 砧板主要用于切制食材,食材中含有大量蛋白质、脂肪和糖类等。这些食物也是细菌很好的培养基,它们使有害菌在砧板表面成倍地繁殖。不洁砧板上的大肠杆菌每平方厘米就有 400 万个,每 20 分钟就能繁殖一代。切制食物时会附在食物表面和切口中,如加热不彻底,食用后这些有害菌会在人体积聚造成对人体健康的危害。所以砧板的卫生不容忽视,使用砧板不仅要生、熟分开,还要选择能抑菌的砧板,如银杏木及北方常见的紫椴木等都具有抑菌作用。

❷ **防凹能力强** 砧板使用久了,中心会凹下去,甚至根本无法继续使用。银杏、榆树、柳树等材料木质坚固而具有韧性,既不伤刀又不易断裂和腐烂,经久耐用,防凹能力强。另外用一小块一小块的紫椴木重新组合成的砧板,中部和边缘的硬度一致,耐用程度比普通砧板提高数倍,而不必增加砧板的厚度。

❸ **能抗裂减震** 大多数砧板会出现干裂现象,裂缝和沟槽容易藏污纳垢,非常不卫生。如果砧板太薄了,用久了自然会有断裂,因此新砧板要有一定的厚度,树皮要完整。组合砧板中的每一个木块与周围的木块相互联系,分解了它的内应力,砧板也不会裂开。在好的砧板上有节奏地剁肉、剁菜时不会有震麻的手感;而在质量不好的砧板上行刀就会有震疼感,且声音很大。塑料砧板在餐饮行业很少使用。相对于木质砧板而言,塑料砧板没有抑菌效果,质地比较硬,容易使刀口变钝,特别是沾水后不易加工食材,易滑且伤手,不便操作。但其具有价格便宜,体积小,取用清洗方便的特点,对于使用砧板频率不高的一般家庭来说,比较适宜。

二、砧板的使用规范及保养

新木质砧板在使用前应先行修正、加工定型,修正边缘,开启一面封蜡,再涂盐水或浸泡、蒸煮,使木质纤维收缩紧密,组织细密,以免干裂变形,保持湿润不燥,结实耐用。

使用时要整面使用,不宜固定在某一个部位长时间切、剁等,应定期转动,均匀使用。每次用后应刮净墩面,保持墩面平整,防止凸凹不平,影响刀工操作的进行。因为砧板表面不平,会产生连刀和切而不断的现象。一旦出现这种情况时,可用铁刨刨平。切忌在砧板上硬砍硬剁,造成墩面的损坏。

要延长砧板的使用寿命,就要保持砧板洁净,水冲洗是最为常见的方法。洗净后的砧板需竖立放稳,保持通风,防止污染。切忌随意摆放以防细菌滋生,发霉变色,造成不良后果。同时还要定期为砧板进行消毒处理。另外切忌在烈日下暴晒砧板,以免造成砧板炸裂,减短使用寿命。传统的砧板在保管时使用的植物油浸、湿毛巾盖等方式,极易使其成为细菌的培养基,是不卫生的,也不利于砧板的保养。

任务检验

1. 砧板有哪些种类,各有什么特点?
2. 案台烹饪原料加工中,如何正确使用砧板?
3. 如何合理地保养砧板?

任务三　磨刀石的选择与使用规范

任务目标

1. 了解磨刀石的使用和要求。
2. 掌握磨刀石的种类、用途以及对磨刀石的选择、鉴别和保养。

任务导入

俗语说"磨刀不误砍柴工",烹饪中要想学会精湛的刀工,光有一把好刀还不行,在刀工技能实施前还需要对刀具进行磨制,让刀具的锋利程度满足烹饪原料加工需要。因此掌握磨刀石的种类、特点和选择及使用方法尤其重要。

任务实施

"工欲善其事,必先利其器",刀具的锋利,是使原料光滑、完整、美观的根本保证,也是厨师刀工操作多快好省的条件之一。刀刃的锋利是通过磨制与保养来实现的。

一、磨刀石的种类及使用

磨刀石是磨刀的用具,一般呈长方体,规格尺寸大小不等,常用的有粗磨石、细磨石、油石、青石和磨刀棒。

❶ **粗磨石**　粗磨石由天然黄沙石料凿成,一般长 35～40 cm,厚 12～15 cm。这种磨石颗粒粗、质地松、面硬,常用于新刀开刃或磨有缺口的刀。

❷ **细磨石** 细磨石由天然青沙石料凿成,形状类似粗磨石。这种磨石颗粒细腻、质地坚实,能将刀磨快而不伤刀刃,应用较广。一般要求粗磨石和细磨石结合使用,磨刀时先用粗磨石,后用细磨石。这样不仅刀刃磨得锋利,而且能缩短磨刀时间,延长刀具使用寿命。

❸ **油石** 油石属人工磨刀石,采用金刚砂人工制成,成本较高,粗细皆有,品种较多,一般用于磨硬度较高的刀具,磨厨刀应选用长约 20 cm、宽 5 cm、厚约 3 cm 的粗细油石。这种油石体积小,方便实用。

❹ **青石** 这种磨石属于纯天然的石头,要经过人工凿、磨而成,一般形状是长方体,重量不等。主要磨开过口、刀刃较薄的切刀、片刀、桑刀、雕刻刀等。由于这种磨石是纯天然的材质,石料光滑细腻,所以磨好的刀刃非常锋利,经久耐用,用青石磨刀可延长刀具的使用寿命。

❺ **磨刀棒** 这是人工合成的蹭刀器具,不适合磨制刀具,所用尖刀或其他刀具不锋利的时候,可以用来蹭刀使用,使刀刃很快变得锋利。

刀具在使用的过程中,有经验的厨师往往将刀口在瓷碗或瓷盘的底部来回磨 2~4 次,俗称"膛刀"。此方法确实能提高其锋利程度,但时间长了易伤刀刃。磨刀棒(功能类似于"锉刀")是短时快速、方便实用的专业磨刀用具,较好地替代了用瓷碗(盘)底磨刀的方法。

→ 任务检验

1. 磨刀石有哪些种类,各有什么特点?
2. 如何正确使用磨刀石?

项目六

烹饪机械加工设备的工作原理与使用规范

项目描述

随着食品工业的迅猛发展,中餐厨房正在经历一场革命,许多食品加工器械厨房化,正在把厨师从繁重的体力劳动中解脱出来。目前,厨房机械化程度越来越高,在提高劳动效率的基础上,极大改善了厨房劳作条件。本项目主要介绍厨房常见搅拌机、微波炉、斩拌机、绞肉机的使用特点和使用规范,以促进学生了解和掌握烹饪机械加工设备的相关知识和科学使用方法,以更高视角看待中餐厨房的科技革命。

项目目标

1. 了解搅拌机、微波炉、斩拌机、绞肉机的工作原理。
2. 掌握搅拌机、微波炉、斩拌机、绞肉机的科学使用。

任务一 搅拌机的工作原理与使用规范

任务目标

1. 了解搅拌机的工作原理。
2. 掌握搅拌机的科学使用方法。

任务导入

搅拌机主要用于拌馅、打蛋等工艺,也可用于液体面糊等黏稠性物料的搅拌,如糖浆、蛋糕面糊和花乳酪等,同时还可以用于调制面团。

搅拌机的结构可以分为立式和卧式两种,在企业中以立式搅拌机使用为主,广泛用于液体面浆、蛋液、馅料等的搅拌,且通过更换搅拌器,可适应不同黏稠度物料的搅拌,从而达到一机多用之目的。

一、搅拌机的基本结构与工作原理

下图为立式搅拌机结构示意图,由机座、电机、传动机构、搅拌桨、搅拌锅以及装卸机构等组成。

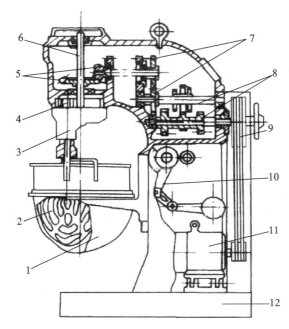

1.搅拌锅;2.搅拌桨;3.搅拌头;4.行星齿轮;5.锥齿轮;6.主轴;7.斜齿轮;8.齿轮变速箱;9.皮带轮;10.搅拌锅升降机构;11.电机;12.机座

搅拌机工作时,以电机作为动力源,通过传动箱内的齿轮的传动来带动搅拌桨,使搅拌桨在高速自转的同时又产生公转,对物料进行强制搅拌和充分摩擦,以实现对物料的混匀、乳化和充气作用。

立式搅拌机的机座、机架及传动调速箱一般为整体锻造而成,以增加机器运转时的整体平稳性,其他同食品物料直接接触的部位均采用不锈钢制成。

二、搅拌机使用规范

(1)立式搅拌机的搅拌桨结构主要有花蕾形、扇形和钩形三种形式,如下图所示。

花蕾形搅拌桨见图(a),由很多粗细均匀的不锈钢钢条制成,桨的强度相对较低,在旋转时,可起到弹性搅拌作用,增加液体物料的摩擦机会,利于空气的混入,适用于在高速下对低黏度液体物料的搅拌,如蛋面糊的搅拌。

扇形搅拌桨见图(b),其结构一般由整体锻铸而成,强度较高,且作用面较大,适用于中速运转下对黄油、白马糖等中等黏度糊状物料的搅拌。

钩形搅拌桨见图(c),是一种高强度整体锻造的搅拌桨,外形结构一般都是与搅拌锅的侧壁弧线相吻合,此类搅拌桨截面扭矩均较小,应在低速下运转,适用于糖浆、面团等高黏度物料的拌打。

(a)花蕾形　　　　　(b)扇形　　　　　(c)钩形

(2) 操作时,先将搅拌锅下降,转好对应的搅拌器,将锅提升,再放原料,开机。
(3) 使用后,要对搅拌锅和搅拌桨进行清洗。
(4) 要定期检查传动机构的齿轮、轴承和升降机构的齿轮,及时添加润滑油。

任务检验

1. 如何正确使用搅拌机?
2. 如何合理地保养搅拌机?

任务二　微波炉的工作原理与使用规范

任务目标

1. 了解微波炉的工作原理。
2. 掌握微波炉的科学使用。

任务导入

利用微波加热的原理,对食物进行加热的设备,为微波加热设备。其中的典型代表是微波炉。微波炉与电磁炉被称为"现代厨房的标志",其热效率高、快速省事、清洁卫生之特点,是其他灶具均无法比拟的。

任务实施

一、微波炉基本结构

微波炉基本结构如下图所示,主要由电源变压器、微波发生器(磁控管)、波导管、炉腔和控制系统等组成。

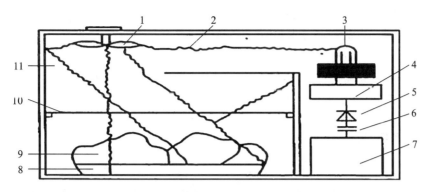

1.波形搅拌器;2.波导管;3.天线;4.磁控管;5.整流器;6.电容器;7.变压器;
8.托盘;9.食物;10.隔板;11.炉腔

❶ 电源变压器 微波炉的电源变压器一般有三个绕组:初级绕组、灯丝绕组和高压绕组,有的还有功率调整绕组。工作时初级绕组上加上 220 V 交流电压,在灯丝绕组上产生 5.2 V 或 3.4 V 电压,供给磁控管灯丝。在高压绕组上产生 1900 V 或 2000 V 电压,再经倍压整流电路后,为磁控阴极提供一个负高压。变压器一般采用"H"级绝缘(耐热 180 ℃以上),使之具有较大的安全系数。

❷ 微波发生器(磁控管) 磁控管是微波炉的心脏。磁控管的作用相当于一个振荡电路,产生微波。

❸ 波导管 波导管是传输微波的装置。此装置是一根矩形的高导电的金属管,它的一端接磁控管天线,另一端从箱体上部输入。波导管的作用是将电磁波的能量局限在管子里,使能量不会朝各个方面无规律地散射而不能全部输送到炉腔。

❹ 搅拌器 搅拌器位于波导金属管的一端,是炉腔中的微型风扇装置。搅拌器的风扇转速很慢,一般每分钟仅几十转,通过风扇的作用,把微波均匀地送到炉腔各个部位。搅拌器的旋转方向与放置食物的转盘相反。为配合搅拌器的工作,在波导管入口处还加装有反射板,利用它把微波反射到搅拌器上。

❺ 炉腔 炉腔是食物受热的场所,也叫谐振腔。炉腔多采用腔体式。微波炉的炉腔多由铝合金或不锈钢板等金属制成,为长体箱形,前面安装炉门,侧面或顶部开有排湿孔,顶部装有波导管及搅拌器,底面上一般都装有加热食物的支撑架(转盘)。

实际工作时,微波从不同角度向食物反射,而当穿过食物未被吸收尽的微波能达到炉壁后,又可重新反射回来穿过食物。微波能在炉腔内的损耗是极小的,几乎全部用于加热食物,这正是微波炉效率很高的主要原因。

炉腔设计和制造的要求比较严格,为防止微波辐射对人体的伤害,要具备可靠的防护装置和密封装置。

❻ 炉门 微波炉的炉门由金属框架和玻璃观察窗构成,在观察窗的玻璃夹层中必有一层金属网,起静电屏蔽作用。

为防微波泄漏,炉门采取了多重防泄漏措施:炉门和炉腔体有良好的金属接触,当炉门开启时,门上的联锁装置能使微波炉立即停止工作。炉门装有抗流结构(一般是深度为微波波长 1/4 的凹槽),以防止门与炉腔体长期开启或关闭后发生磨损,或由于污物、灰尘等存积表面,引起金属接触不良,使微波从接触不良的缝隙中泄漏出来。炉门与炉腔体应装有吸收微波的材料,以防止前述两种方法效果不佳而予以最后的补救。吸收微波的材料,目前大都是用耐高温的硅橡胶或氯丁橡胶等作黏合剂,混合进能大量吸收微波的铁氧材料制成。

❼ 微波炉控制系统 一般微波炉的控制系统由定时器、双重锁闭开关、灶门安全开关、烹调继电器、热断路器等五部分组成。

二、微波炉的使用与维护

(一)微波炉烹调特点

❶ 禽肉类 用微波炉烹调鸡、鸭、鹅等禽肉食品,比用传统灶具烹调更加香嫩。由于家禽形状不规则,最好在烹调前将头和爪去掉。对于翅尖等突出部分,在烹调了 2/3 时间后,可用铝箔将其包住。可将鸡放入耐热袋或有盖蒸锅中烹调,耐热袋口不要扎紧,或在袋上扎一排气孔,以便排气。蒸、炒鸡块时,鸡皮面朝上,用纸巾盖住。一些比较难以受热成熟的老鸡,可按 500 克加 60 毫升左右的汤汁一起煮。鸭、鹅的脂肪比鸡多一些,烹调时间可相应缩短。一般来讲,用中度火力烹调 500 克重的整鸡,约需 12 分钟,鸡块和整鸭约需 8 分钟。烹熟的鸡肉呈青黄色,若带粉红色,可再入炉烹约 2 分钟。一般家禽加热至 85~88 ℃就可以了。

❷ 畜肉类 用微波炉烹调畜肉类食品,一般应选用较瘦的肉为好。肉块最好用中高功率烹调。对于嫩肉块只需加热到 70~80 ℃,这时肌纤维中蛋白质完全受热变性,若用筷子或刀叉可以弄碎分开其纤维,肉就熟了,这时的肉最嫩。如不能分开则仍需再加热。决定肉的老嫩主要是肌肉中的结缔组织(筋、腱、膜)的含量。高功率微波烹调不能使老肉变嫩,但采用较低功率烹调和较长时间(包括保温、搁置)可使结缔组织中的胶原蛋白转化为可溶明胶,使老肉嫩化,此时温度为 70~100 ℃。

❸ 水产类 烹调 500 克重的鲜鱼或中等大小的去壳虾,应用中度火力烹调约 6 分钟,而烹调扇贝类海鲜,只需约 4 分钟。烹调好后最好放置 5 分钟才揭盖(膜),这样还可减少实际烹制时间,如食品还不够熟,可再烹制约 40 秒。应注意掌握好烹调时间,水产品本来就很嫩,所以烹调时间要短,俗话"紧锅鱼",即为此理。若过度烹调,容易干硬。烹调水产品时一定要加盖,或用塑料薄膜罩住,以保持水分。

❹ 蔬菜类 微波炉烹调蔬菜,加热时间短,用水量极少,从而能保持成品菜的原汁原味和营养价值。含水量高的蔬菜,烹调时不必加水;含水量少或纤维素、半纤维素多的蔬菜,应当适当在菜上洒些水。烹调新鲜蔬菜要加盖或罩上保鲜膜,可用高度火力烹调,中途要搅拌、翻转。一般菜谱中定出的烹调时间仅是参考数据,实际烹调时要根据蔬菜的新鲜度、形状、体积的不同来灵活掌握。烹调蔬菜时要烹调好后加盐,或先将盐水加在盛器中,放入蔬菜再烹调,否则蔬菜会干燥发柴,影响口感。

❺ 汤菜类 烹调时盛器要加盖或罩上保鲜膜。以水调制的汤可用高度火力烹调;含乳脂的汤应用中度火力烹调。为避免汤汁沸腾时溢出,盛器应两倍于汤的体积。煲猪肉汤或鸡肉汤时,应先以高度火力加热至沸,然后再用中度火力熬至肉松软。一般来说,烧开 250 克的水,用高度火力约需 3 分钟。

❻ 主食类 煮米饭时,可先将大米浸泡 2 小时左右,然后放入微波炉中加热,可缩

短烹调时间。微波炉煮饭所需水分比常规的少,不会煮成夹生饭。如觉得太硬可加些水再煮,如果觉得太烂,可打开盖子加热。在微波炉中煮水饺时,应先加热水,待水沸腾后加入生水饺再加热,待饺子浮起即可。在汤水中滴几滴油,可减少沸腾时产生的气泡。

(二)微波炉的使用注意事项

(1)用微波炉烹调菜肴时,最好使用精炼油,若用普通的食用油,则要严格控制时间,如果时间不足,易产生生油味;时间过长,则会着火。

(2)烹调时应尽量减少用盐量,以免烹调好的食物出现外熟内生、干硬发柴的现象。若必须要用盐调味时,应尽量在烹调即将结束前或结束后再用盐调味。

(3)对于味道浓烈的调味品,比如大蒜、辣椒、酒等调味品,应在烹调前少放,最好是在烹调中后期放入。

(4)用微波炉烹制菜肴时,水分蒸发少,所以用水量要适度,这样才能保证菜肴的色泽和营养成分。

(5)烹制鸡蛋、栗子、牡蛎等带壳食物时,应先将原料片出裂缝或拍破,以防爆裂、喷溅。

(6)烹制含高糖、高脂肪的食品时,要严格控制加热时间,宜短不宜长,否则会把食物烧焦。

(7)由于微波炉对边缘加热较快,所以厚的食物应尽量摆放在碟的边缘,小而薄的食物摆放在碟的中心,并在碟的中央留空,这样的烹调效果好。

(8)通常采用圆而浅的器皿加热速度较快。

(9)烹调的食物较多时,必须进行搅拌,才能保证加热均匀。

(10)不可用金属器皿,可用玻璃、塑胶和陶瓷器皿,但都必须耐热。一些有颜色或花纹的器皿,受热后颜料中的重金属转到食物上,有损健康,还是选用标明"微波炉适用"的器皿为佳。

(11)为使热力平均分布及避免蒸干水分,要用保鲜纸或胶盖覆盖食物,但大多数塑胶受高热后会熔化,而胶料附在食物上也会损害身体,所以须使用标明"微波炉适用"的胶盖和保鲜纸,而且最好不要接触到食物。

(12)切勿损坏微波炉门上的透明网及胶边,以免微波外泄。

(13)去壳熟蛋、薯仔及其他类似的食物,须把外皮或薄膜刺穿,让蒸气释出,以免发生爆炸。

(14)食物宜大小均匀,呈圆形排列,较厚部分向外,能更有效吸收微波。

(15)经常保持炉壁干爽卫生。

(三)微波炉的性能和特点

❶ **加热均匀,控制方便** 微波具有较强的穿透能力,能达到物体内部,使其受热均匀,不会发生外焦里生的情况。微波发生器在接通电源后便能立即产生交变电场并进行加热,一断电就立即停止加热,因此能方便地进行瞬时控制。

❷ **营养破坏少** 能最大限度地保留食物中的维生素,保持食品原来的颜色和水分。如煮青豌豆可保持100%的维生素C,而一般炉灶仅能保持36.7%左右。此外,微

波还具有低温杀菌作用。

❸ **加热快，热效率高** 由于食品的热传导性通常都比较低，采用一般加热方法使物体内、外温度趋于一致需较长时间。采用微波加热则能使物体表、里皆直接受热，所以加热速度快、效率高。

❹ **清洁、方便** 用微波炉烹调食品过程中，没有汁水流出，不会使厨房气温升高，而且对放在餐具内的食物直接加热，省去了一般加热方法转装食物的麻烦。

❺ **微波加热缺点** 缺点是食物表面不能形成一种金黄色焦层，缺乏烧烤风味。另外，由于热处理时间短，缺乏高温长时间下生成的风味成分，在风味上难以跟传统烹器做出的菜肴相比。但带有烤制功能的新型微波炉，在一定程度上解决了食品色泽问题，并拓宽了微波食品范围。

任务检验

1. 如何正确、安全使用微波炉烹调食品？
2. 使用微波炉烹调食品有哪些特点？

任务三 斩拌机的工作原理与使用规范

任务目标

1. 了解斩拌机的工作原理。
2. 掌握斩拌机的科学使用。

任务导入

斩拌机广泛应用于各种去骨和去皮肉类、蔬菜、瓜果等食品原料的切、绞、搅、斩等操作，并可同时拌入其他辅料、调味品，以及用于降温的冰块等。主要用于加工肉丸、肉饼、肉馅和灌肠等，是现代厨房机械中用途最为集中的一种机械设备。斩拌的目的，一是切制肉类原料，使肉馅产生黏着力；二是将原料与各种辅料进行搅拌混合，形成均匀的乳化物。按其旋转刀轴安装方式，常见的有卧式斩拌机和立式斩拌机两种类型，较常用的是立式斩拌机。

任务实施

一、基本结构与工作原理

斩拌机由斩拌驱动机构、斩拌机构、物料桶、操作控制台、机座等组成。其基本结构如下图所示。在物料桶的刀轴上安装有若干刀片，开机后刀轴在电机带动下带动斩拌刀高速旋转,在切割、搅拌、插打等力综合作用下,完成对原料的斩拌。

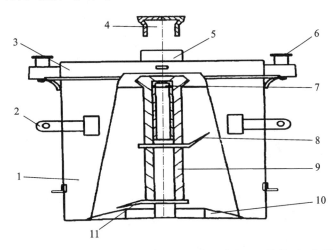

1.料筒;2.提手;3.桶盖;4.胶盖;5.气孔;6.手轮;7.转轮;8.上斩刀;
9.隔套;10.物料桶锥形底;11.下斩刀

二、使用

(1) 根据原料对象安装适配刀具。多功能斩拌机的刀片有三种,见下图:四折线平刃刀,适用于果蔬和肉类切割;弧形平刃刀,常用于肉类及其他类似的弹性含水物料;弧形锯齿刀,多用于水果、蔬菜、鸡蛋糊、豆类的打浆和搅拌。

(a)四折线平刃刀　　　　(b)弧形平刃刀　　　　(c)弧形锯齿刀

(2) 开机前必须锁紧桶盖,否则无法开机。

(3) 通过操作台开、停机,原料符合成品要求后,打开桶盖,再打开压紧口,取下物料桶取出成品,然后及时清洗物料桶。

三、维护

(1) 要将接触原料的部位清洗干净,并擦干水。

(2) 不能用大量水冲洗,以免操作台进水。

(3) 发现刀具不锋利,平刃刀应按要求用磨刀石水磨,不可用电砂轮打磨,而锯齿刀则要由专业人员磨制。

(4) 真空斩拌机。真空斩拌机是指在真空条件下对原料进行斩拌工作,其在发达国家熟肉制品加工作业中的应用已有40多年的历史。如真空技术在香肠制馅工序中的应用,使香肠质量得到很大提高。肉馅在真空状态下斩切、搅拌和乳化,可以防止各种营养成分被氧化破坏及细菌的滋生,从而最大限度保持原料中的营养成分,提高产品的细密度、亲水性及弹性,延长产品货架期,是真空定量灌肠生产线不可缺少的重要设备。该设备在我国于2002年研制成功,已供应国内一些著名食品生产商。

任务检验

1. 如何正确、安全使用斩拌机进行食品加工?
2. 如何合理保养斩拌机?

任务四　绞肉机的工作原理与使用规范

任务目标

1. 了解绞肉机的工作原理。
2. 掌握绞肉机的科学使用。

任务导入

绞肉机是肉类加工中使用最为普遍的一种机器,主要利用不锈钢格板和十字切刀的相互作用,将肉块切碎、绞细形成肉馅。它广泛用于餐馆、食堂、烧腊工厂等行业绞制肉馅。

根据其结构特征,绞肉机可以分为单级绞肉机、多级绞肉机、自动除骨和除筋绞肉机、搅拌和切碎组合绞肉机、夹套式(可调温)绞肉机等。在餐饮行业中以使用单级或二级绞肉机较多,尤其以单级绞肉机最多,它可以通过调换不同孔径的绞肉格板,达到绞制粗细可调的目的。

任务实施

一、基本结构与工作原理

下图是单级绞肉机的结构图,其主要由进料系统、绞肉筒、绞切系统及传动系统组成。

进料系统包括螺旋送料辊和料斗。在料斗中的物料借自身的重力和螺旋送料辊的旋转,把肉料不断送到绞肉筒内的绞切系统进行绞切。为使螺旋送料辊能达到强制状态,通常改变送料辊的螺距和直径,即前段辊螺距大,辊轴直径小;后段辊螺距小,辊轴直径大,这样就可以保证对肉块产生一定的推压力,保证进料的平稳和绞切的肉糜(馅)能顺利从格板孔中排出。

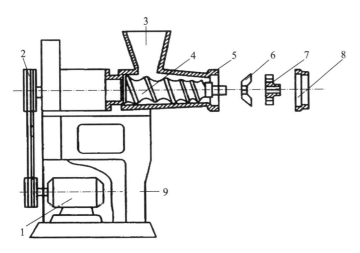

1. 电机；2. 皮带轮；3. 料斗；4. 螺旋送料辊；5. 绞肉筒；6. 十字切肉刀；7. 绞肉格板；8. 锁紧螺母；9. 机架

绞切系统包括十字切肉刀、绞肉格板和锁紧螺母等。十字切肉刀通常有四个刀刃，由碳素工具钢或合金工具钢制成，中间孔是正方形，安装在同是方形的轴上，与送料辊一起旋转，而绞肉格板则由定位销固定在绞肉筒上，由于送料辊带动十字切刀强制旋转，与绞肉格板紧密配合，形成切割副，达到绞切肉馅的目的。绞肉格板通常用不锈钢或优质碳素钢制成，为了保证其足够强度，要求其厚度不小于 10 mm，绞肉格板上有规格的孔眼，孔眼直径大于 10 mm 者为粗绞格板，孔眼直径在 3～10 mm 者为中细绞格板，孔径小于 3 mm 者为细绞格板。锁紧螺母是保证格板与切刀之间不产生相对位移的锁紧装置，是影响切刀工作效率的关键部件。

二、使用

（1）根据绞切肉糜的粗细，选择不同的绞肉格板，并确定转速。切刀的转速与送料辊相同，其转速需要与选用的绞肉格板孔眼直径大小相配合，孔眼直径大的绞肉格板，出料容易，切刀转速可以大些，反之，转速可小些，一般可控制在 150～300 r/min，最高不应超过 500 r/min。

（2）将肉去骨去皮切成小长条形，装入进料口，一次装料不能太满，塞压入料要使用机器专配的塑料棒或木棒，不可用手，也不可用金属棒（铁丝），以免发生人身事故或损坏机器。

（3）普通绞肉机绞肉的时间不宜过长，否则会影响肉馅的质量。

三、维护

（1）工作结束，要立即将绞肉机的螺母、绞肉格板、切刀、螺旋送料辊等拆卸，将绞肉筒等清洗、晾干或擦干，装好待用。

（2）在安装的时候，要注意安装顺序和方向。先装切刀，且刀口朝外，再装绞肉格板，最后上锁紧螺母，锁紧螺母的松紧度以手摇轮轻快为宜，否则会影响绞肉格板的位移，从而影响切刀的工作效率和绞切后肉品的质量。

（3）发现切料慢，在排除绞肉格板与转速不相匹配的情况下，检查切刀是否已钝或绞肉格板表面是否平滑，及时更换切刀和磨平格板。

> **任务检验**

1. 如何正确、安全使用绞肉机进行食品加工？
2. 如何合理保养绞肉机？

项目七

烹饪辅助用具的选择与使用规范

项目描述

筷子作为中餐重要元素之一,被广泛采用和使用,在中华民族饮食的传统文化中,正确使用筷子作为评价家教的一把"尺子"。三千多年的筷子文化,是中华传统文化的瑰宝,炎黄子孙要不断传承并发扬光大。在本书中增加这个项目,目的是将筷子文化回归教育,充分展现中华烹饪传统文化的内涵,也是对中华饮食传统文化传承的好办法。本项目将从执握筷子的方法和训练方法着手,全面介绍筷子的基本使用方法和训练方法。

项目目标

1. 筷子认知、筷子种类。
2. 掌握筷子正确执握的方法。
3. 掌握筷子正确使用的训练方法。

任务一 筷子认知与筷子种类

任务目标

1. 筷子的结构特点。
2. 筷子的分类。
3. 提升规范执握筷子的能力。

任务导入

对于一名烹饪初学者来讲,掌握执握筷子是一项极其重要的基本技能,在菜肴加工过程中,筷子的使用频率较高,许多烹饪工艺环节都涉及使用筷子,如菜肴装盘、滑油、煎炸、汆煮、试味等。一名烹饪专业人员必须学会执握筷子,掌握执握筷子技法更能体现出精湛的技艺,也是评价厨师的职业素养的一个重要标准。本任务就是要学习、掌握执握筷子的手法,展现中华饮食文化内涵。

> **案例一** 厨师小张由于工作努力,终于从荷台调整到炉台上班,在制作软煎鱼饼菜肴时,制作中途需对鱼饼翻面,此时需借助筷子,当小张使用筷子进行操作时,因手法不到位,致使鱼饼翻面不成功,导致菜肴制作不成功,出现色泽不均匀现象,导致退菜。小张这才知道正确使用筷子的重要性。
>
> **案例二** 小张同学在大学学习烹饪专业,由于成绩优秀被选中前往法国开展中国饮食文化交流,在一次中餐品鉴活动中,法国学生对中国筷子很是好奇,求知欲望极其强烈,在使用筷子时,就请小张示范如何执握筷子,由于小张在专业学习过程中学过如何执握筷子,很快就教会法国学生执握筷子,双方交流非常愉悦,受到法国方的高度赞赏。

筷子的熟练使用,更能彰显烹饪专业人员的气质,充分说明其专业基本技能的深厚,如同成熟军人的气质一般。同时娴熟地使用筷子也是宣传中华传统文化的一种手段,也可以为烹饪专业的学习提供帮助。

▶ **任务实施**

一、筷子的结构特点

中国筷子是饮食的专门用具,也可作为烹饪加工中的辅助工具,在餐食活动中扮演重要角色。其结构特点表现为以下三点。

(1) 筷子一般由一双组成,一根为阳筷,一根为阴筷,也有称阳筷为动筷,阴筷为静筷。

(2) 筷子的标准长度是七寸六分(约 25.3 厘米),代表人有七情六欲,以示与动物有本质的不同。

 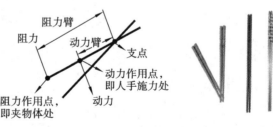

(3) 筷子形状为一头圆、一头方。圆的象征天,方的象征地,对应天圆地方,这是中国人对世界基本原则的理解。

二、筷子的分类

筷子看似简单,却蕴含着极为丰富的文化内涵,有"以和为贵""白头到老""永不分离"的寓意,还有"快生贵子"的谐音,故筷子在民间被视为吉祥之物。中国的筷子按材质大致分为五类:竹木筷子、金属筷子、牙骨筷子、玉石筷子、化学筷子。

❶ **竹木筷子**　竹木筷子是中国最原始的筷子,也是从古至今使用人数最多的筷子。竹木具有取材方便、价格低廉、重量较轻、表面光滑、生长周期短、安全卫生、导热性差、使用方便等特点,是最理想的制作筷子的材料。一般可选天然竹子、红木、楠木、枣木、冬青木等,不过木筷在使用过程中较易变质腐朽生虫。使用时一定要注意清洗、存放方法,并定期更换。

❷ **金属筷子**　在古代使用金属筷子往往是王宫贵族奢侈的象征;一般选用金、银、铜材质制作筷子,其中银筷具有辅助进食、验毒两项功能。现代餐饮中不锈钢筷子使用频率较高。不锈钢筷子具有耐用好洗、很少磨损及不易滋生细菌的优点。缺点是又滑又沉,不好拿也不方便夹取食物。另外不锈钢的导热性能虽然已经比其他金属差了很多,但夹取刚出锅的食物时,也难免会让嘴和舌头烫伤。建议在吃火锅、麻辣烫时慎用不锈钢筷子。

❸ **牙骨筷子**　牙骨筷子一般选用动物的骨头制作,常见的有牦牛骨筷子等。牙骨筷子具有质感好、安全卫生、手感好的特点,具有较高的收藏价值,日常生活中很少用作饮食工具。

❹ **玉石筷子**　玉石筷子是筷中珍品,主要选用极品的翡翠或玉石制作,具有极高的收藏价值。故宫珍宝馆就陈列着不少慈禧太后用过的玉筷。

❺ **化学筷子**　近代科学发展的产物。20世纪30年代上海就有赛璐珞筷子,近年又出一种乳白色的"象牙筷",虽说与象牙相似,但仅仅是"像"而已。这是一种塑料密胺筷,因价廉物美广受欢迎。

任务检验

一、填空题

1. 筷子一般由一双组成,一根为____筷,一根为____筷,也有称阳筷为____筷,阴筷为____筷。

2. 中国的筷子按材质大致分为五类:_____筷子、_____筷子、_____筷子、玉石筷子、_____筷子。

扫码看答案

二、选择题(单选)

中国筷子的长度为(　　)。
A. 8寸　　　　B. 7寸　　　　C. 6寸　　　　D. 7.6寸

三、简答题

简述筷子在中餐中的地位和作用。

任务二　筷子正确执握方法

任务目标

1. 筷子正确的执握方法。

2. 了解使用筷子的禁忌。
3. 筷子管理。

任务导入

中国筷子是国粹,正确执握筷子是中华儿女必须掌握的一项技能,并肩负着传承的责任与义务。从对近几年烹饪专业学生的观察中发现,许多成年学生握筷方式五花八门,完全与筷子传统文化相悖。其实我们完全可以通过强化训练来掌握正确执握筷子的方法,并强化为一种习惯。

> **案例一** 菜胆牛肉是一道广式菜肴,为典型的荤素搭配菜肴,具有牛肉滑嫩、菜胆爽脆、口味清淡的特点。在这道菜出品过程中,需要用筷子将炒好的菜胆夹起排列整齐并摆放在盘底,上面再浇盖炒好的牛肉。荷台上小王由于握筷手法不标准,一时难以完成菜胆的摆放工作,待炉台师傅的牛肉炒好后还未摆弄好,耽误了时间。
>
> **案例二** 酥炸油条是一道常见的民间小吃,炸制过程中,需手持长筷拨弄油中的面坯旋转,使其受热均匀,形态膨胀一致。这项看似简单的过程,很多师傅完成不了,究其原因主要是握筷手法不规范导致。

任务实施

一、筷子正确的执握方法

❶ 正确握筷手势 右手手掌朝上,阴阳两筷置放于右手中,其中将阳筷置放于拇指、食指和中指之间,阴筷则置放于虎口和无名指之间,阴阳筷对齐,方头部位朝上,圆头部位朝下,右手尽量置于筷子的方头处拿捏,筷子使用时,虎口间的筷子基本不动,另一只筷子在大拇指、食指和中指的操动下运动,使双筷头能夹住物品。

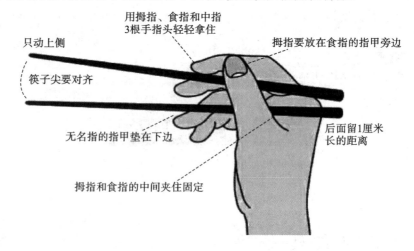

❷ 错误握筷手势

错误：两根筷子都在中指和食指之间

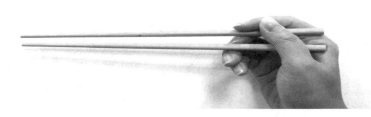

错误：握筷太靠近筷尾

二、筷子管理

餐厅的筷子一般都是重复使用的，按卫生要求工作人员需对餐后的筷子采取先洗后入消毒柜消毒的方式，确保安全。作为厨房用具的筷子也是在清洗完毕后入沸水煮或入紫外线专用消毒柜中进行消毒，确保使用安全。但很多餐饮场所，对筷子的管理确实马虎，只经过简单清洗，未经消毒就直接让客人使用，严重的可能会引起食品安全事故，这种现象应当引起我们高度重视并杜绝发生。在日常工作和生活中，避免引起筷子安全事故的一些做法如下。

❶ **正确摆放** 有的人并不在意怎么放，每次都是随机的。洗完筷子头朝下放置，这样是极不卫生的。筷篓底部由于剩水残留，潮湿的环境更容易使筷子滋生细菌。

❷ **安全第一，确保卫生** 长时间没用的筷子，我们都会将其放进开水泡一泡，这样做会有效杀死筷子上的细菌。不用的筷子我们要储存好，这时需要进行干燥处理，干燥的环境不易滋生细菌。平时应经常对筷子进行消毒，以免影响健康。

❸ **勤于更换** 使用筷子时,最好每天都观察一下,筷子表面是否附着斑点,特别是霉斑。当筷子出现斑点、变色、弯曲变形,或者有明显异味的时候就必须小心,这说明筷子已经发生霉变,受到污染了,此时就应当停止使用,及时更换。

❹ **使用公筷** 家人、朋友一起吃饭、互相夹菜有助增进感情,但这种饮食方式,也给了很多疾病传播的机会。一定要学会使用公筷,杜绝因混用筷子使疾病传播。

▶ **任务检验**

扫码看答案

一、填空题

右手握筷时,手掌朝上,将阳筷置放于大拇指、_____和_____之间,阴筷则置放于虎口和无名指之间,阴阳筷对齐,方头部位朝____,圆头部位朝____,右手尽量拿捏筷子的方头处,筷子使用时,虎口间的筷子基本不动,另一只筷子在大拇指、食指和中指的操作下运动,使双筷头能夹住物品。

二、选择题(多选)

筷子保管需做到(　　)。

A.筷头朝下　　　B.长期使用　　　C.勤于更换　　　D.消毒存放

任务三　筷子执握手法训练

▶ **任务目标**

1. 空筷训练法。
2. 实物训练法。

▶ **任务导入**

在熟悉筷子的执握方法后,面临着实战应用,学生可以通过一日三餐的进食活动,强化执握手法的训练,再就是通过课堂特定的方式加以强化训练。

案例一 同学甲在一次小组练习制作酥炸果排时,由于执筷手法错误,双筷合力不足,夹起的果排再次掉入油锅中,使溅起的热油将自己的手烫伤,发生不必要的事故。

案例二 公司办公室主任小张在一次商务接待中,为尽地主之谊,协助总经理把客人招呼好,欲起身为客人夹菜,由于执筷手法不规范,使夹起的菜肴在途中不慎落入客人汤碗中,溅起的汤汁污染了客人的衬衣,场面尴尬。

以上两个案例都充分说明正确使用筷子的重要性。任何事情,只要不专业,在关键时刻可能会让你出洋相。

任务实施

一、空筷训练

每人发一双筷子,按标准的执筷手法,将筷子置于右手中,按阳筷动阴筷静的方式,观察手指的用力效果,全程按拿起—握起—动筷的流程反复训练,直至每次的操作规范为止。

二、实物训练

❶ **夹玻璃球训练**　准备两个小碗,将碗中注入1/2的水,并将一个碗中放入6个玻璃球,要求学生在标准执筷的条件下,将玻璃球夹住并放入另一碗中,以10次为一组,每次训练四组。训练到第四组时,要求学生以每组六分钟为时间限制,按时完成为达标,未按时完成的为不达标。

❷ **挑面条训练**　将煮熟的面条放入水盆中,要求学生采取标准执筷手法,将面条挑起放入碗中,以5次为一组,每次训练三组。目标为15秒/次,按时完成为达标,未按时完成的为不达标。

任务检验

你认为错误的执握筷子的手法需要改正吗?

第三部分

刀工及烹饪原料初加工技能

项目八

刀工技能训练与检测标准

项目描述

厨师运刀时的各种加工方法,简称刀法。刀法是厨师根据不同原料和烹饪方法,多年来逐步摸索形成的实践经验。一个厨师刀工的精湛,在于他能熟练、敏捷、巧妙、正确地运用各种刀法。刀法种类很多,基本上可按刀与砧板所接触的角度分为直刀法、平刀法、斜刀法、剞刀法及其他刀法等五大类。

本项目主要包含磨刀技能、刀工基本操作规范及直刀法、平刀法和斜刀法等基本刀法训练项目。学生在学习完后,基本能掌握其知识和技能,并能拓展到剞刀法和其他刀工技能。

项目目标

1. 了解磨刀前的准备工作,掌握磨刀的规范站姿、磨刀方法及磨制效果的检测标准等磨刀技能。
2. 领悟常见刀工基本操作规范,掌握刀工操作基本姿势及直刀法、平刀法、斜刀法等刀工的训练方法及标准。

任务一 磨刀技能训练与检测标准

任务目标

1. 了解菜刀、砧板、磨刀器具等常见烹饪食材加工器具的选用,掌握其使用标准。
2. 了解磨刀前的准备,掌握磨刀方法及刀具磨制检验标准等磨刀技能。

任务导入

磨刀不误砍柴工

"磨刀不误砍柴工"的意思是磨刀花费时间,但不耽误砍柴。比喻事先充分做好准备,就能使工作加快。其实,从专业角度讲,磨刀也是讲究方法与技巧的。

刚入门的厨工在磨刀时经常会碰到磨刀石不好固定、磨刀伤手、磨刀用时长及磨出的刀不够锋利甚至出现罗汉肚、月牙口、偏锋（卷刃）、毛口（锯齿刀）、斧头刀等现象。试着分析，出现这些问题的原因在哪里。

这些现象反映出，在磨刀时准备工作不充分、磨刀方法不规范等问题。磨刀之于刀工的作用也不言而喻，本任务主要目标是掌握如何做好磨刀前的准备、磨刀的站姿、磨刀方法及磨刀检测标准。下面让我们一起进入课堂学习。

> 任务实施

一、磨刀前的准备与站姿

（一）磨刀前的准备

❶ **磨刀台**　磨刀台要符合人体力学的高度，并保持稳固。一般厨房工作台的高度为 80 厘米左右。

❷ **磨刀石**　磨刀石根据情况可选择粗磨刀石和细磨刀石。粗磨刀石用来快速开刃，细磨刀石用来使刀刃更平滑、锋利。使用前需要使磨刀石充分吸收水分，并在磨刀过程中根据需要逐步淋湿石面。

❸ **防滑布**　垫在磨刀台与磨刀石之间，主要起到固定磨刀石的作用。如果有能固定的磨刀台或磨刀架，可不用防滑布。

（二）磨刀的站姿

两脚分开，一前一后，双脚间距为 25～35 厘米，前腿曲弓，后腿绷直，胸部略向前倾，收腹，重心前移，两手持刀，目视刀锋。

二、磨刀方法

（一）直磨法

刀口锋面朝外，刀背朝里，右手握刀柄，左手握刀背的一角。磨另一边时，左右手姿势相反。磨刀时，在刀和磨刀石上淋水，将刀膛紧贴石面，刀背略翘起（小于30°），向前平推至磨刀石尽头，再向后拉；反复磨至石面起砂浆时，淋水再磨。两面经常换磨，次数相同。

要点：①角度不可太大，保持一定，刀背不可忽高忽低。②重点在刀刃，做到前、中、后均匀。切刀、片刀均匀磨；文武刀"前三中拖后四"。

（二）竖磨法

刀柄向里，右手持刀柄，刀背向右，左手贴于刀膛上，前后推磨。磨刀时，保持角度不变。磨另一面时，姿势相反。

优点：效率高。缺点：刀纹是横向的，需修正。

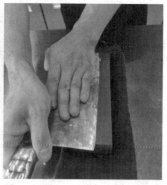

（三）烫刀法

右手握刀，翻腕将刀的两面在磨刀石上迅速推拉打磨。此法为应急时用，迅速但不持久。

还应了解专用磨刀器、磨刀棒等磨刀器具的使用。此处不做具体介绍。

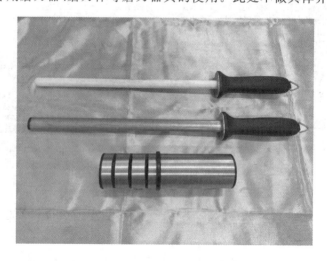

三、磨刀效果的检测标准

（一）视觉测试

如果刀刃上呈现一条白线，表示此刀没有磨好；如果刀刃上呈现一条黑线，说明此刀已经磨好。

（1）正确的刀形：两面对称，刀刃成中间略凸起的曲线。

（2）观察有无反光的白色细线。

（3）观察有无卷口、毛边。

（二）手感测试

如右图所示，将大拇指垂直置放于刀刃上，来回慢慢轻刮，有涩手感者为锋利，无涩手感的证明刀还未磨好。对于初学者尽量慎用这种方法，以免发生刀伤事故。

（三）切物测试

用磨后的刀切制食材，如切面光滑、走刀顺利、食材易于分割说明刀已磨好，反之则证明刀还未磨到位。

 任务检验

扫码看答案

一、填空题

1. 粗磨刀石的主要成分是_____沙（提示：此处答案为一个汉字），质地松而粗，多用于磨有缺口的刀或新开刀刃。细磨刀石的主要成分是青沙，质地坚实，容易将刀磨快而不易损伤刀口，应用较多。_____（提示：此处答案为两个汉字）窄而长，质地结实，携带、使用方便。

2. 磨刀时，一般是先在_____上将刀磨出锋口，再在细磨刀石上将刀磨快。

3. 传统的木质砧板宜选用密度高、韧性强、不易开裂的，最好是各方面综合质量都比较好的_____、榆树或柳树等木质制成的砧板。

4. 砧板每次使用完清洗后应放在通风处_____，不要紧贴墙放或平放，否则另一侧晾晒不到，很容易滋生霉菌等致病菌。

二、选择题（单选）

下列选项中，用于制作砧板的最佳木材种类是（　　）。

A. 皂角树、橄榄树　　　　　　B. 青冈树、樱桃树

C. 银杏树、橄榄树　　　　　　D. 银杏树、樱桃树

三、讨论题

磨刀的过程中碰到什么问题？自己是如何解决的？如果仍没解决，请与同学和老师沟通解决。在此基础上，总结自己的学习和练习心得。

任务二　刀工基本操作规范训练与检测标准

任务目标

掌握站姿、握刀、扶料、运刀、放刀和携刀等刀工基本操作规范。

任务导入

学习烹饪基本刀工时,老师首先要求学生学会如何站立。部分同学们表示有些不解:我们是要学怎么切菜,而不是怎么站。这是因为,不规范的站姿不仅直接影响了切菜的效果,而且长期不正确的站姿会使从业者的腰、颈部变形,严重的会产生一些职业病。所以首先应掌握正确的站姿、握刀方法、扶料及运刀方法、放刀和携刀规范等。这些关于刀工的基本操作规范,是本任务必须掌握的。

任务实施

厨师职业病之静脉曲张和腰伤

一、刀工基本操作规范

刀工是一项精细且劳动强度较大的手工操作技艺。为了保证体力,除了平时注重锻炼身体,强健体格外,还要练就强劲的臂力和腕力。同时还要掌握正确的刀工操作姿势。如此既能方便操作,又能提高工作效率、减少疲劳,还能有利于身体健康等。刀工操作时,一般情况下要注意以下几个方面。

（一）站立姿势

操作时应两脚自然分开站稳（一般有三种步伐,即八字步、丁字步、稍息步）,上身略向前倾,腰不要弯曲,案板和身体的距离为10～20厘米,砧板放置的高度以方便操作为准。操作时思想要集中,目光注视砧板上两手操作的部位,时刻要注意左、右手的配合。

（1）两脚自然分开,呈八字形或丁字步。

（2）两腿直立,挺胸收腹,腹部与案台保持一拳距离。

（3）上身保持正直,自然含胸。

（4）目光正视两手操作部位,双肩水平,上臂自然打开,手臂与身体成45°角。

常见错误姿势:歪头、拱腰、驼背、手动身移和重心不稳等。

（二）握刀姿势

要求:牢而不死、软而不虚、硬而不僵、轻松自然、灵活自如。

（1）右手大拇指与食指第二关节捏刀柄与刀背结合处。

（2）其余三指握住刀柄。

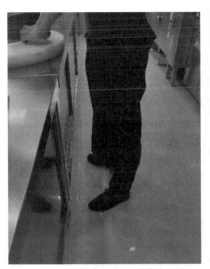

规范的站立姿势

常见错误握刀姿势：虎口式、指头按压式、握拳式。

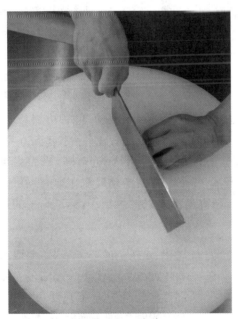

规范的握刀姿势

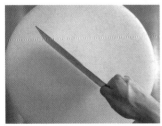

常见错误握刀姿势：虎口式（左）、指头按压式（中）、握拳式（右）

（三）扶料姿势

以左手操作为例，其技术要领如下。

（1）左手按稳物料。

（2）五指稍合拢呈爪形，自然弯曲，中指抬起空置，其余四指和手掌按稳物料。

（3）五指做好分工。五指及其手掌的作用分别如下。

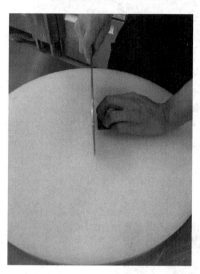

规范的扶料姿势

①中指：操作时，中指指背第一节向手心方向略弯曲，并紧贴刀膛，轻按原料，下压力要小，主要作用是控制"刀距"，调节刀距尺度。

②食指和无名指：操作时，食指和无名指向掌心方向略弯曲，垂直朝下用力，下压力集中于手指尖部，按稳原料以不使原料滑动为度。

③小指：操作时，小拇指要自然弯曲，呈弓形，配合并协助无名指按或捏住原料，防止原料左右滑动移位。

④大拇指：操作时大拇指要协助食指、小指共同扶稳原料，控制原料，防止行刀用力时原料滑动。同时，大拇指起支撑作用，避免重心集中在中指上，造成手指移动不灵活和刀距失控（只有当手掌脱离砧板时，大拇指才能发挥支撑点的作用），使指法更好地灵活应用，活动自如。

⑤手掌：操作时掌根自然放于原料或砧板上，手掌起到支撑作用。手掌必须紧贴砧板使重心在手掌上，才能让各个手指灵活自如。否则，当失去手掌的支撑，下压力及重心必然前移至五个手指上，使各个手指的活动受到限制，发挥不了应有的作用。同时没有支撑，刀距也不好掌握，则容易出现忽宽忽窄、刀距不均匀的现象。

（四）运刀姿势

以右手握刀、左手扶料为例，在保证规范的姿势下，还需要双手配合运刀。

在刀工操作过程中，动作必须自然、规范、优美。用刀的基本方法一般是右手执刀，以大拇指捏住刀箍，其余四指握住刀柄。握刀时手腕要灵活有力，一般用腕力和臂力。左手主要控制原料，运刀时要随刀的起落与推进而呈螃蟹状均匀后移。一般刀的起落幅度为刀刃不超过左手指的第一个骨节。总之，左手持物要稳，右手落刀要准，两手的配合要紧密而有节奏。其要领如下。

（1）左手中指的第一关节抵住刀膛，使刀有规律地上下移动。

（2）抬刀切料时，刀刃不能高于指关节。

（3）右手下刀要稳、准，保持刀身与砧板垂直。

（4）原料、刀面与工作台约成45°。

（5）左右手配合协调。

此外，根据刀工所加工的原料质地的不同，运刀方法可归纳为连续式、间歇式、交替式、变换式四种方法。

❶ 连续式　连续式就是左手五指合拢,手指弯曲呈弓形,用中指第一关节紧贴刀膛,保持固定的手势,走刀从右向左后方连续移动。行刀间距可根据不同标准灵活调整。这种指法中途很少停顿,速度较快,主要适用于各种植物性脆性原料。

❷ 间歇式　间歇式起势与连续式指法相同,用中指第一关节紧贴刀膛,并以中指为中心,中指、食指、无名指、小指四指合拢相依,呈爪形。移动时4个手指一同朝手心方向缓慢移动。当行刀切割原料尚有4至6刀,此时的手势呈半握拳状态,稍一停顿,重心点就落在手掌及大拇指外侧部位。然后,其他4个手指不动,手掌微微抬起,大拇指相随,向左后方移动,此时的重心点落在以中指为中心的4个手指上。当手掌向后移动,恢复自然弯曲状态时,继续行刀切割原料,如此反复进行。间歇式指法的适用范围较广,对动物性原料、植物性原料均可采用。

❸ 交替式　交替式起势手指呈自然弯弓状态,中指紧贴刀膛,并保持固定的手势。中指顶住刀膛,轻按原料,不抬起。食指、无名指和小指交替起落(起落的高度均在3厘米左右),大拇指外侧做支撑点,手掌轻贴原料,整个手的重心点全部集中在大拇指外侧指尖部位,手掌向左后方向缓慢移动,并牵动中指和其他3个手指一起向左后方移动。整个动作要连贯,很少停顿。这种指法难度较大,不易掌握,但它有很多优点,动作小、节奏感强,有较高的稳定性,控制刀距较为准确,使切出的原料均匀一致。

❹ 变换式　变换式是综合利用或交换使用连续式、间歇式、交替式的指法。运用不同的指法,作用在一块原料上,如有些韧性的动物性原料,因质地老、韧、嫩联结一体,单纯使用一种指法,有时难以奏效,保证不了均匀一致的效果。因此,就需要视原料质地的不同,灵活运用各种指法,才能有效控制刀距。

(五)刀具放置规范

操作完毕,应将刀具置于砧板中央,刀口向外,前不出尖、后不露柄。刀背、刀刃均不应露出砧板。错误的刀具摆法不但会影响刀具的正常使用,还会对自己或他人造成伤害。

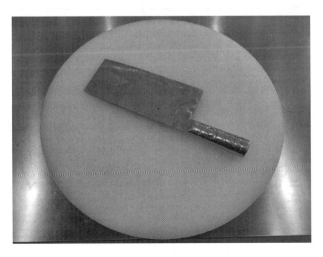

刀具放置规范

（六）递刀和携刀规范

传递刀具时，要将刀把朝向对方，且刀刃向下，等到对方拿稳后才可松手。切不可玩弄刀具，否则极易发生危险。携刀走路的时候，右手横握刀柄，紧贴腹部右侧，刀刃向后，切忌刀刃朝外，手舞足蹈，以免误伤他人。

二、刀工基本操作规范训练方法

（一）目测法

所谓目测法（又称眼力），是指目测所加工的成形原料是否合乎规格要求。原料经过刀工的处理产生几何形状的变化，在成形前，不是用尺子的计量出来的，而是通过经验对加工原料的形状（当然要结合具体菜肴的要求）目测估算出来的。因此，目测水平的高低，取决于操作者对刀工的实践经验和掌握原料形状大小的熟练程度。它关系到原料成形后的刀工质量。只有熟练掌握不同规格原料的形状和尺寸要求，不断提高目测能力、反复实践，才能在工作中得心应手，运用自如。

（二）组内互助练习法

训练小组进行组内训练时，互相指出组员操作不规范的地方，并改进。

（三）师生集中反馈

教师根据学生的训练情况，在个别问题单个解决的基础上，针对典型问题，集中讲解与沟通。学生再针对性练习，直至掌握。

三、刀工基本操作规范检测标准

在练习基本刀法时主要是练习学生运刀的基本手法和身法，采取切水调面团的方式进行。具体为每人发放半斤面团，以切片或运刀的间隔距离为形式，主要考核学生的站立姿势、运刀手法、运刀身法等基本技能的掌握程度。空刀模拟切原料和实际切原料时，均保持基本操作姿势不变形。

考核内容	评分标准	备注
站立姿势	双脚八字自然分开，腿直立，身体头部、腰部、腿部在一条直线上，腹部收起，含胸，头微下视	—
运刀手法	双手打开，距两肋15至20厘米，左手掌贴住砧板，五指分开微翘起，呈爪形，中指抬起且第一关节弯曲，关节点前凸，其余四指收起把控原料；右手紧握刀柄，大拇指、食指分开控制两侧刀面，行刀时手腕运行节奏明显，上下运行距离适度	—
运刀身法	运刀时，双手配合协调，走刀均匀，身体整体运行自然	—

> 任务检验

讨论题：学生相互拍摄练习状态下的刀工基本操作规范图片或小视频，自行分析、互相分析、集中分析存在的问题，并针对性反复练习，形成习惯。

项目八 刀工技能训练与检测标准

任务三　直刀法训练与检测标准

任务目标

掌握直切、推切等直刀法基本技能。

任务导入

案例　某女同学小肖在练习直刀法时,由于对刀有种恐惧感,始终担忧刀会伤到手,于是在练习刀法时完全不能按照老师示范时的走刀方法,左手中指第一关节不敢抵住刀膛,特别是跳切时表现得更为明显。试着帮她分析原因,很大可能是对直刀法的要领没有完全掌握。

直刀法是最常用的刀法。其具体有什么优势？采用这种方法时,有哪些注意要点呢？下面,我们在本任务中共同探讨。

任务实施

直刀法是较为基本、使用频率最高的刀法之一,且种类较多,其中以直切、推切等最为基础。在运刀时,除保持规范的身体站姿外,还需要注意握刀手法、扶料手法和运刀姿势等。这里首先介绍直刀法的分类,然后以直切、推切等为例,阐述其训练方法和检验标准。

一、直刀法的分类与应用

直刀法是指刀与砧板或原料基本保持垂直运动的一种运刀技法。这种刀法按用力大小的程度,可分为切、剁(斩)、砍(劈)等。

（一）切

具体可分为直切、推切、拉切、推拉切、锯切、滚料切和铡刀切等。

❶ **直切**　又称跳切,这种刀法在操作时要求刀与砧板垂直,刀垂直上下运动,从而将原料切断。直切法主要用于把原料加工成片、丝的形状。

(1) 操作方法。

①左手扶稳原料,用中指的第一关节弯曲处顶住刀膛,手掌按在原料或砧板上。

②右手持刀,用刀刃的中前部位对准原料被切位置。

③刀垂直上下起落将原料切断。

④如此反复直切,至切完原料为止。

(2) 技术要求。左手运用指法向左后方向移动,要求刀距相等,两手协调配合,灵活

75

自如。刀在运行时,刀身不可向里、外倾斜,作用点在刀刃的中前部位。

(3)适用原料。直切适宜加工脆性原料,如白菜、油菜、鲜藕、莴笋、冬笋、各种萝卜等。

直切(跳切)

❷ 推切　这种刀法操作时要求刀与砧板垂直,刀自上而下、从右后方向左前方呈半弧形推刀下去,一推到底,将原料断开。这种刀法主要是用于把原料加工成片、丝等的形状。

(1)操作方法。

①左手扶稳原料,用中指第一关节弯曲处顶住刀膛。右手持刀,用刀刃的前部对准原料被切位置。

②刀从上而下,自右后方朝左前方呈半弧形推切下去,将原料切断。

③如此反复推切,至切完原料为止。

(2)技术要求。左手运用指法向左后方移动,每次移动要求刀距相等。刀在运行切割原料时,通过右手腕起伏摆动,使刀产生一个小弧度,加大刀在原料上的运行距离,用刀要充分有力,避免出现"连刀"的现象,一刀将原料推切断开。

(3)适用原料。推切适宜加工各种韧性原料,如无骨的猪、牛、羊各部位的肉。对硬实性原料,如火腿、海蜇、海带等,也适宜应用这种刀法加工。

推切

❸ **拉切** 拉切是与推切相对的一种刀法。操作时要求刀与砧板垂直,用刀刃的中后部对准原料的被切位置,刀由上至下,从左前方向右后方运动,一拉到底,将原料切断。这种刀法主要是用于把原料加工成片、丝等形状。

(1) 操作方法。

①左手扶稳原料,用中指的第一关节弯曲处顶住刀膛,右手持刀,用刀刃的中后部对准原料被切位置。

②刀由上至下、自左前方向右后方运动,用力将原料拉切断开。

③如此反复拉切,至切完原料为止。

(2) 技术要求。左手运用指法向右后方移动,要求刀距相等。刀在运行时,通过手腕的摆动,使刀在原料上产生一个弧度,从而加大刀的运行距离,避免出现"连刀"现象。用刀要充分有力,一拉到底,将原料拉切断开。

(3) 适用原料。拉切适宜加工韧性较弱的原料。如里脊肉、通脊肉、鸡脯肉等。

拉切

❹ **推拉切** 推拉切是一种将推切与拉切连贯运用的刀法。操作时,刀先向左前方行刀推切,接着再行刀向右后方拉切,一前推一后拉迅速将原料断开。这种刀法效率较高,主要是用于把原料加工成片、丝的形状。

(1) 操作方法。

①左手扶稳原料,右手持刀。

②用推切的刀法,将原料断开,方法与推切相同。

③运用拉切的方法,将原料断开(方法同拉切)。如此将推切和拉切连接起来,反复推拉切,直到切完原料为止。

(2) 技术要求。要求掌握推切和拉切的方法,再将两种刀法连贯运用。操作时,只有在将原料基本推切断开以后,才做拉切,用刀要充分有力,动作要连贯。

(3) 适用原料。推拉切适宜加工韧性较弱的原料,如里脊肉、通脊肉、鸡脯肉等。

❺ **锯切** 这种刀法操作时要求刀与砧板垂直,刀前后往返几次运动如拉锯般切下,直至将原料完全切断。锯切主要是把原料加工成片的形状。

(1) 操作方法。

推拉切

①左手扶稳原料,用中指的第一关节弯曲处顶住刀膛。右手持刀,刀刃的前部接触原料被切位置。

②刀在运动时,先向左前方运行一段距离,再将刀向右后方拉回,如此反复多次将原料切断。

(2)技术要求。刀与砧板保持垂直,刀在前后运行时用力要小,速度要缓慢,动作要轻柔,还要注意刀在运动时下压力要小,避免原料因压力过大而变形。

(3)适用原料。锯切适宜加工质地松软的原料,如面包等。对软性原料,如各种酱猪、牛、羊肉及黄白蛋糕、蛋卷、肉糕等也适用这种刀法加工。

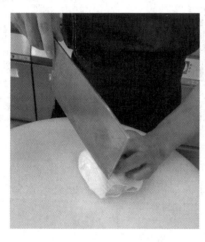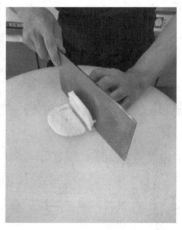

锯切

❻ **滚料切** 又称滚刀切,是切的过程中同时滚动原料的行刀方法。由于原料质地的不同,技法也有所不同。这种刀法操作时要求刀与砧板垂直,左手扶料,规律性地朝一个方向滚动。右手持刀,原料每滚动一次,刀直切或推切一次,将原料切断。应用这种刀法主要是把原料加工成块的形状。

(1)操作方法。

①左手扶稳原料,原料要与刀保持一定的斜度,用中指的第一关节弯曲处顶住刀膛,右手持刀,用刀刃的前部对准原料被切位置。

②运用推切的刀法,将原料推切断开。

③每切完一刀后,随即把原料朝一个方向滚动一次,再做推切,如此反复进行。

(2)技术要求。双手的动作要协调,两眼要看准被切的部分,每切一刀后,随即把原料朝一个方向滚动一次,每次滚动的角度要求一致,做到加工后的原料均匀一致。

(3)适用原料。滚料切适宜加工体积较小的圆、柱形植物原料,如胡萝卜、土豆、山药、莴笋和芋头等。

滚料切

7 铡刀切 一手握刀柄,另一手握刀背前部,两手上下交替用力压切。应用这种刀法主要是把原料加工成末的形状,或是分半之用。

(1)操作方法。

①左手握住刀背前部,右手握刀柄,刀刃前部垂下,刀后部翘起,被切原料放在刀刃的中部。

②右手用力压切,再将刀刃前部翘起,接着左手用力压切。

③如此反复交替压切。

(2)技术要求。操作时左右两手反复上下抬起,交替由上至下摇切,动作要连贯。

(3)适用原料。铡刀切适宜加工带软骨或细小的硬骨原料,如蟹、烧鸡等。对圆形、体积小、易滑的原料,如花椒、花生米、煮熟的蛋类等也适用。

(二)剁(排)

1 单刀剁 操作时要求刀与砧板垂直,刀有规律地上下运动,抬刀较高,用力较大。这种刀法主要用于将原料加工成末的形状。

(1)操作方法。

①原料放置在砧板中间,左手扶砧板,右手持刀,把刀抬起。

②用刀刃的中前部对准原料,用力剁断原料。

③反复剁断原料,直至达到加工要求为度。

单刀剁

(2)技术要求。操作时大臂带动小臂、小臂带动手腕、手腕带动刀做上下运动,挥刀将原料剁断,同时勤翻原料,使其均匀细腻,用刀要稳、准,富有节奏,同时注意抬刀不可过高,以免将原料甩出,造成浪费。

（3）适用原料。这种刀法适合加工脆性原料,如白菜、葱、姜、蒜等。对韧性原料,如猪肉、羊肉、虾肉等也适用。

❷ **双刀剁（又称排斩）** 双刀剁操作时要求两手各持一把刀,两刀呈八字形,与砧板垂直,上下交替运动。这种刀法用于加工成形原料,与单刀剁相同,但工效较高。

（1）操作方法。

①两手各持一把刀,两刀保持一定的距离,呈八字形。

②两刀垂直上下排剁,不能相碰,当原料剩到一定程度时,两刀各向相反方向倾斜,用刀将原料铲起归堆。

③继续行刀排剁,直至达到加工要求。

（2）技术要求。操作时,用小臂带动手腕、手腕带动刀做上下运动,挥刀将原料剁断,同时勤翻原料,使其均匀细腻,抬刀不可过高,避免将原料

双刀剁

甩出,造成浪费。

（3）适用原料。双刀剁与单刀剁相同,都适宜加工脆性原料,如白菜、葱、姜、蒜等。猪肉、羊肉、虾肉等韧性原料,也可用此刀法加工。

❸ **单刀背捶** 操作时要求左手扶砧板,右手持刀,刀刃朝上,刀背与砧板平行,刀垂直上下捶击原料。这种刀法主要用于加工肉茸和捶击原料表面,使肉质疏松,或将厚肉片捶击成薄肉片。

（1）操作方法。

①左手扶砧板,右手持刀,刀刃朝上,刀背朝下,将刀抬起,捶击原料。

②当原料被捶击到一定程度时,用左手将原料拢起,右手使刀身倾斜,用刀将原料铲起归堆,反复捶击原料,直至符合加工要求为止。

（2）技术要求。操作时,刀背与砧板平行,加大刀背与砧板的接触面积,使之受力均匀,提高效率。用力均匀,抬刀不要过高,避免将原料甩出,要勤翻原料,从而使加工的原料均匀细腻。

（3）适用原料。单刀背捶适宜加工经过细选的韧性原料,如鸡脯肉、净虾肉、净鱼肉和肥膘肉等。

❹ **双刀背捶** 操作时要求两手各持刀把,刀背朝下,与砧板平行,两刀上下交替垂直运动,这种刀法主要用于加工肉茸,工作效率较高。

（1）操作方法。

①两手各持刀把,刀背朝下,两刀呈八字形,

双刀背捶

刀上下交替用刀背捶击原料。

②当原料加工到一定程度时,刀刃向下,两刀向相反方向倾斜,用刀将原料铲起归堆,然后继续用刀背捶,直至达到加工要求为止。

(2)技术要求。两刀刀背与砧板保持平行,加大刀背与砧板的接触面积,使原料受力均匀,从而提高工效。刀在运动时抬刀不要过高,避免将原料甩出,要勤翻动原料,使加工后的原料均匀细腻。

(3)适用原料。双刀背捶适宜加工经过细选的韧性原料,如鸡脯肉、净虾肉、净鱼肉、肥膘肉等。

❺ **刀尖(跟)排**　操作时要求刀垂直上下运动,用刀尖或刀跟在片形原料上扎上几排分布均匀的刀缝,用以斩断原料内的筋络,防止原料因受热而卷曲变形,同时也便于调味料的渗透和扩大受热面积,易于成熟。如加工"炸猪排""炸鱼排""炸鸡排"等。

(1)操作方法。

①左手扶稳原料,右手持刀,将刀柄提起,刀垂下对准原料。

②刀尖(跟)在原料上反复起落,扎排刀缝。

③如此反复进行,直至符合加工要求为止。

(2)技术要求。刀要保持垂直起落,刀缝间隙要均匀,用力不要过大,轻轻将原料扎透即可。

(3)适用原料。刀尖(跟)排适宜加工经过初步加工的、呈厚片形的韧性原料,如大虾、通脊肉、鸡脯肉等。

刀跟排

(三)砍(劈)

❶ **直刀砍**　操作时左手扶稳原料,右手将刀举起,刀上下做垂直运动,对准原料要砍的部位,用力挥刀直砍下去,使原料断开。这种刀法主要用于将原料加工成块、条、段等形状,也可用于分割大型带骨的原料。

(1)操作方法。

①左手扶稳原料,右手将刀举起。

②刀上下垂直运动,对准原料要砍的部位,一刀将原料砍断。

（2）技术要求。右手握牢刀柄，防止脱手，将原料平放，左手扶料要离落刀点远一点，防止伤手。落刀要稳、准、狠，并力求一刀砍断原料，尽量不重刀。

（3）适用原料。直刀砍适宜加工形体较大或带骨的韧性原料，如整鸡、整鸭、鱼、排骨、猪头和大块的肉等。

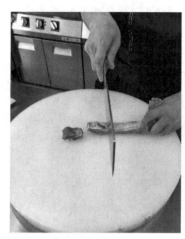

直刀砍

❷ **跟刀砍(劈)** 操作时左手扶稳原料，刀刃垂直嵌牢在原料被砍的位置内，刀运行时，刀与原料同时上下起落，使原料断开。这种刀法主要用于原料加工成块的形状。

（1）操作方法。

①左手扶稳原料，右手持刀，用刀刃的中后部对准原料下刀位置，紧嵌在原料内部，然后原料与刀同时举起。

②用力向下砍落，刀与原料同时落下，并如此反复进行。

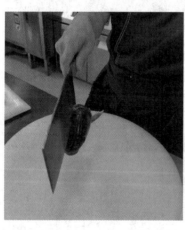

跟刀砍

（2）技术要求。左手持料要牢，选好原料被砍的位置，而且刀刃要嵌在原料内部（防止脱落引起事故）。原料与刀同时举起同时落下，向下用力砍下原料，一刀未断开时，可以连续再砍，直至将原料完全断开为止。

（3）适用原料。跟刀砍适宜加工脚爪、猪骨及小型的冻肉等。

❸ **拍刀砍** 用掌心或掌根向刀背拍击,将原料砍断。这种刀法主要是把原料加工成整齐均匀,大小一致的块、条和段等形状。

(1) 操作方法。

①左手扶稳原料,右手持刀,刀刃对准原料要砍的位置上。

②左手离开原料并举起。

③用掌根拍击刀背,使原料断开。

(2) 技术要求。原料要放平稳,掌根用力拍击刀背,原料一刀未断,刀刃不可以离开原料,可连续拍击刀背直至原料完全断开为止。

(3) 适用原料。拍刀砍适宜加工形圆、易滑、质硬、带骨的韧性原料,如鸭头、鸡头、酱鸡和酱鸭等。

拍刀砍

二、直刀法训练方法和检测标准

下面以直刀法中最基础的直切、推切、推拉切说明其训练方法和检测标准,供教学中师生组织训练时借鉴。

(一) 推切训练方法和检测标准

❶ **推切训练方法**

(1) 空刀练习:根据教师演示的动作要领,自行空刀练习,并体会。

(2) 辅助器材配合练习:用直角辅助器辅助练习者保持刀面与砧板所在平面呈直角。直至熟练,找到感觉,脱离直角辅助器为止。

(3) 食材练习:白萝卜、海带。

❷ **推切训练检测标准** 姿势规范,动作熟练,成形均匀,按时完成。

推切训练检测标准

项目	数量	时间	质量标准	评分				总分	备注
				优	良	中	差		
推切 白萝卜丝	500克	10分钟	站姿标准: 双脚站立正确,身体挺直,收腹含胸,头部自然微低						
			手法标准: ①握刀方法正确,运刀手法自然均匀; ②左手扶料方法正确; ③无刀伤事故						
			卫生标准: 台面、砧板、地面无废料,洁净						

83

（二）直切训练方法和检测标准

❶ 直切训练方法

（1）空刀练习：根据教师演示的动作要领，自行空刀练习，并体会。

（2）辅助器材配合练习：用直角辅助器辅助练习者保持刀面与砧板所在平面呈直角。直至熟练，找到感觉，脱离直角辅助器为止。

（3）食材练习：白萝卜、土豆、内酯豆腐。

❷ 直切训练检测标准 姿势规范，动作熟练，成形均匀，按时完成。检测标准考核表可参照推切。

（三）推拉切训练方法和检测标准

❶ 推拉切训练方法

（1）空刀练习：根据教师演示的动作要领，自行空刀练习，并体会。

（2）辅助器材配合练习：用直角辅助器辅助练习者保持刀面与砧板所在平面呈直角。直至熟练，找到感觉，脱离直角辅助器为止。

（3）食材练习：白萝卜、土豆、黄瓜。

❷ 推拉切训练检测标准 姿势规范，动作熟练，成形均匀，按时完成。检测标准考核表可参照推切。

扫码看答案

> 任务检验

一、选择题（单选）

1. 下列不属于刀工的作用的是（   ）。

A. 便于烹调

B. 便于入味

C. 改变质感

2. 下列属于菜刀锋利的标志的是（   ）。

A. 能够切出肉丝

B. 能够砍断猪大骨

C. 刀刃对亮光处可见一青线，试锋有滞涩的感觉

3. 加工花椒使用的刀法是（   ）。

A. 推切

B. 锯切

C. 铡刀切

4. 剁刀法可分为（   ）。

A. 排剁、直剁

B. 排剁、单刀剁

C. 直剁、斜剁

二、讨论题

学生相互拍摄练习推切状态下的刀工基本操作规范图片或小视频，自行分析、互相分析、集中分析存在的问题，并针对性反复练习，形成习惯。

项目八 刀工技能训练与检测标准

任务四 平刀法训练与检测标准

任务目标

掌握平刀直片、平刀推片、平刀拉片、平刀推拉片等平刀法基本技能。

任务导入

同学们在经过一定量的白萝卜推切、跳切练习后,基本达到要求。新的课程开始了,老师拿出准备好的榨菜让同学们切丝。同学们纷纷感到,虽然同样是植物性食材,但在切的时候不容易切均匀。此时,老师召集同学们进行分析:榨菜的质地和白萝卜、土豆等有一定差异,脆中有一定的柔软性,因此,在切片时采取平刀法会比较顺畅。同样的道理也适用于瘦肉类和扁平状的原料。

通过本任务的学习,我们将掌握平刀法的方法与要领。

任务实施

平刀法也是较为基本的刀法之一。其在运刀时,除保持规范的身体站姿外,还需要注意持料姿势、握刀手势、运刀姿势等。

一、平刀法的分类与应用

平刀法是指刀与砧板平行呈水平行刀的技法。这种刀法可分为平刀直片(批)、平刀推片(批)、平刀拉片(批)、平刀抖片(批)、平刀滚料片(批)等。

将原料放在砧板里侧,左手四指伸直并拢自然张开,扶按原料,手掌和大拇指起支撑作用;右手持刀,刀身端平,使刀与砧板(原料)平行,对准原料上端被片的位置,刀从右向左做水平运动,将原料切断;然后左手中指、食指、无名指微弓,并带动已片下的原料向左侧移动,与下面原料错开5~10毫米;如此反复。根据原料韧、嫩、脆性不同,在手法上稍有差异。

(一)平刀直片

这种刀法在操作时要求刀膛与砧板平行,刀呈水平直线运动,将原料一层层地片(批)开,用这种刀法主要是将原料加工成片的形状。在片的基础上,再运用其他刀法加工成丁、粒、丝、条、段等几何形状。

① 操作方法

(1)将原料放置在砧板外侧,左手伸直,扶按原料,手掌和大拇指支撑砧板,右手持刀,刀身端平,对准原料上端被片(批)的位置。

(2)刀从右向左做水平直线运动,将原料片(批)断,然后左手中指、食指、无名指微弓,并带动已片(批)下的原料向左侧移动,与下面原料错开5~10毫米。

（3）按此办法，使片(批)下的原料片片重叠，呈梯形状态。

❷ **技术要求**　刀身端平，刀在运行时，刀要紧紧贴住原料，从右向左运动，使片下的原料厚薄均匀一致。

❸ **适用原料**　此法适宜加工脆性原料，如土豆、黄瓜、胡萝卜、莴笋、冬笋等。

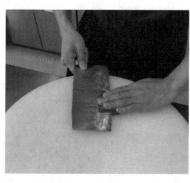

平刀直片

（二）平刀推片

操作时要求刀膛与砧板平行，刀从右后方向左前方运动，将原料一层层片(批)开，这种刀法主要用于把原料加工成片的形状。平刀推片(批)又可包括如下两种操作方法。

❶ **上片法**　上片法，即在原料上端起刀，片(批)进原料，将原料一层层片(批)开。

（1）操作方法。

①将原料放置在砧板里侧，距离砧板外沿3厘米处，左手扶按原料，手掌做支撑，右手持刀，用刀刃的中前部对准原料上端要片(批)的位置。

②刀从右后方向左前方片(批)进原料，原料片(批)开。用手按住原料，将刀移至原料的右端。

③将刀抽出，脱离原料，用食指、中指、无名指捏住原料翻转。紧接着翻起手掌，随即将手翻回(手背向上)，将片(批)下的原料贴在砧板上，如此反复推片(批)。

（2）技术要求。刀要端平，用刀膛加力压贴原料，从始至终动作要连贯紧凑。一刀未将原料片(批)开，可连续推片，直至将原料片(批)开为止。

（3）适用原料。此法适宜加工韧性较弱的原料，如通脊肉、鸡脯肉等。

❷ **下片法**　下片法，即在原料的下端起刀，平刀推片(批)，将原料一层层片(批)开。

（1）操作方法。

①将原料放置在砧板右侧，左手扶按原料，右手持刀，并将刀端平，用刀刃的前部对准原料要片(批)的位置，用力推片(批)使原料移至刀刃的中后部位，片(批)开原料。

②用刀刃前部将片(批)下的原料一端挑起，左手随之将原料拿起。

③在将片(批)下的原料放置砧板上，并用刀的前端压住原料端。用左手4个手指按住原料，随即手指分开，将原料舒平展开，使原料贴附在砧板上。如此反复推片(批)。

（2）技术要求。原料要按稳，防止滑动，刀片(批)进原料后，左手施加下压力，刀在运行时用力要充分，尽可能将原料一刀片开。一刀未断开，可连续推片(批)直至原料完

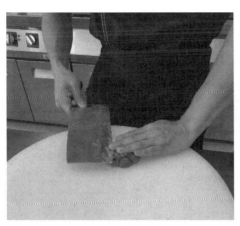
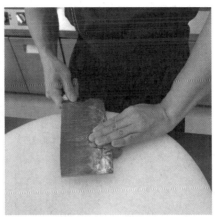

平刀推片——上片

全片(批)开为止。

（3）适用原料。下片法适用于加工韧性较强的原料，如五花肉、坐臀肉、颈肉和肥肉等。

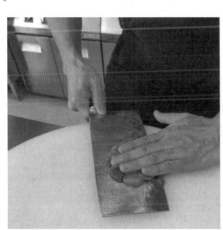
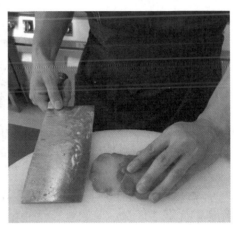

平刀推片——下片

（三）平刀拉片

平刀拉片(批)操作是要求刀面与砧板平行，刀从左前方向右后方运动，一层层将原料片(批)开，应用此方法主要是将原料加工成片状，平刀拉片法与平刀推片法有相似处，不同点是方向相反。

① 操作方法

（1）将原料放置于砧板右侧，用刀刃的后部对准原要片(批)的位置，刀从左前方向右后方运动，用力将原料片(批)开。

（2）刀膛贴住片(批)开的原料，继续向右后方运动至原料的一端，随即用刀的前端挑起原料另一端。用左手拿起片(批)的原料，放置于砧板左侧。

（3）在用刀的前端压住原料一端，将原料纤维抻直，并用左手手指按住原料，手指分开使原料贴附在砧板上。如此反复拉片(批)。

❷ **技术要求** 原料要按住防止滑动,刀在运行时要充分用力,原料一刀未片(批)开,可连续拉片(批),直到原料完全片(批)开为止。

❸ **适用原料** 平刀拉片适宜加工韧性较弱的原料,如里脊肉、通脊肉和鸡脯肉等。

平刀拉片

(四)平刀推拉片

平刀推拉片(批)是一种将平刀推片与平刀拉片连贯起来的刀法。操作时,刀先向左前方行刀推片,接着再行刀向右后方拉片,如此反复推拉片,使原料完全断开,应用这种刀法效率较高,主要用于将原料加工成片的形状。

❶ **操作方法**

(1) 将原料放置在砧板右侧,左手扶按原料,右手持刀。

(2) 运用平刀推片的方法,起刀片进原料。

(3) 运用平刀拉片的方法继续片料,将平刀推片和平刀拉片两种刀法结合起来,反复推拉片,直至全部片断为止。具体操作方法,可参考平刀推片和平刀拉片。

❷ **技术要求** 首先要求掌握平刀推片和平刀拉片的刀法,将两种刀法连贯运用。操作时,要将原料用手压实扶稳。无论是平刀推片还是平刀拉片,运刀都要充分有力,动作要连贯、协调、自然。

❸ **适用原料** 这种刀法,多用于加工韧性较强的原料,如颈肉、蹄髈、腿肉等。对于韧性较弱的原料,如里脊肉、通脊肉、鸡肉等也适宜用这种刀法加工。

二、平刀法训练方法和检测标准

下面以平刀法中最常用的平刀直片为例说明其训练方法和检测标准,供教学中师生组织训练时借鉴。

(一)平刀直片训练方法

❶ **空刀练习** 自我感知运刀是平的。

❷ **器具练习** 将自制水平控制器固定在刀面上,模拟平刀直片,保证在运刀过程中,刀处于水平状态,直至熟练。

❸ **食材练习** 用白萝卜、榨菜、豆腐干等辅助练习平刀直片的手法。

项目八　刀工技能训练与检测标准

（二）平刀直片训练检测标准

平刀直片训练检测标准

项目	数量	时间	质量标准	评分				总分	备注
				优	良	中	差		
平刀片白萝卜片	500克	10分钟	站姿标准：双脚站立正确，身体挺直，收腹含胸，头部自然微低						
			手法标准： ①握刀方法正确，运刀手法自然均匀； ②左手扶料方法正确； ③无刀伤事故						
			卫生标准：台面、砧板、地面无废料，洁净						

▶ 任务检验

讨论题：学生相互拍摄练习平刀法状态下的刀工基本操作规范图片或小视频，自行分析、互相分析、集中分析存在的问题，并针对性反复练习，形成习惯。

任务五　斜刀法训练与检测标准

▶ 任务目标

掌握斜刀拉片、斜刀推片等斜刀法基本技能。

▶ 任务导入

在基本掌握直刀法和平刀法技能的同时，同学们深刻认识到刀法的运用要结合具体情况灵活变化。那么斜刀法适用于加工什么原料，又有哪些方法和要领？在本任务的学习中，我们共同探讨。

▶ 任务实施

一、斜刀法的分类与应用

斜刀法是一种刀与砧板呈斜角，刀做倾斜运动、将原料片（批）开的技法。这种刀法按运刀方向可分为斜刀拉片（批）、斜刀推片（批）等方法，主要用于将原料加工成片的形状。

（一）斜刀拉片

斜刀拉片（批）这种刀法操作时要将刀身倾斜，刀背朝右前方向，刀刃自左前方向右后方运动，将原料片（批）开。

❶ **操作方法**

（1）将原料放置在砧板里侧，左手伸直扶按原料，右手持刀，用刀刃的中部对准原料被片（批）位置，刀自左前方向右后方运动，将原料片（批）开。

（2）原料断开后，随即左手指微弓，并带片（批）开的原料向右后方移动，使原料离开刀，此反复斜刀拉片（批），直到原料片（批）完。

❷ **技术要求**　刀在运动时，刀膛要紧贴原料，避免原料被粘走或滑动，刀身的倾斜度要根据原料成形规格灵活调整。每片（批）一刀，刀与右手同时移动一次，并保持刀距相等。

❸ **适用原料**　斜刀拉片适用于加工各种韧性原料，如腰子、净鱼肉、大虾肉、猪牛羊肉等，对白菜、油菜、扁豆等也适用。

斜刀拉片

斜刀推片

（二）斜刀推片

斜刀推片这种刀法操作时要求刀身倾斜，刀背朝左后方，刀刃自左后方向右前方运动。应用这种刀法主要是将原料加工成片的形状。

❶ **操作方法**

（1）左手扶按原料，中指第一关节微曲，并顶住刀膛，右手操刀。

（2）刀身倾斜，用刀刃的中前部对准原料被片（批）的位置，刀自左后方向右前方斜刀片（批）进，使原料断开。

（3）如此反复斜刀推片（批），直到原料片（批）完。

❷ **技术要求**　刀膛要紧贴左手关节，每切一刀，左手与刀同时向左后方移动一次，并保持

刀距一致。刀身倾斜的角度,应根据加工成形原料的规格灵活调整。

❸ **适用原料**　斜刀推片适用于加工脆性原料,如芹菜、白菜等;对熟肚等软性原料也可用这种刀法加工。

二、斜刀法训练方法和检测标准

下面以斜刀法中最常用的斜刀拉片为例说明其训练方法和检测标准,供教学中师生组织训练时借鉴。

(一)斜刀拉片训练方法

❶ **空刀练习**　根据教师演示的动作要领,自行空刀练习,并体会。

❷ **食材练习**　白萝卜、猪后腿肉、鱼肉等。

(二)斜刀拉片训练检测标准

姿势规范,动作熟练,成形均匀,按时完成。

斜刀拉片训练检测标准

项目	数量	时间	质量标准	评分				总分	备注
				优	良	中	差		
斜刀片鱼片	500克	10分钟	站姿标准: 双脚站立正确,身体挺直,收腹含胸,头部自然微低						
			手法标准: ①握刀方法正确,运刀手法自然均匀; ②左手扶料方法正确; ③无刀伤事故						
			卫生标准: 台面、砧板、地面无废料,洁净						

> **任务检验**

讨论题:学生相互拍摄练习斜刀拉片状态下的刀工基本操作规范图片或小视频,自行分析、互相分析、集中分析存在的问题,并针对性反复练习,形成习惯。

项目九

食材分割成形

项目描述

食材分割成形是指运用各种不同的刀法，将烹饪原料加工成形状各异、形态美观，易于烹调和符合食用要求的形状。其运用切、剁（斩）、砍（劈）、片（批）等刀工技法加工完成。原料形状主要有片、丁、丝、条、块、粒、末、茸、段、花等。

本项目主要从食材角度介绍其刀工成形规律，具体包括基本料形和花刀料形成形工艺。

项目目标

在掌握、巩固刀工姿势和基本刀法的基础上，掌握基本料形、花刀料形成形知识和技能。

（1）识别常见的料形（片、丁、丝、条、块、粒、末、茸、段），掌握其细分名称、规格及适用原料；熟悉常见原料适合的料形及其规格；熟练切出规定要求的料形。

（2）了解花刀的意义；熟悉常见深剞花刀和浅剞花刀细分种类，掌握其细分种类名称及适用原料及菜品；掌握常见花刀的操作方法与技巧；熟练切出规定原料的蓑衣、麦穗、菊花、一字花刀等常见花刀料形。

任务一 基本料形的成形工艺

> 任务目标

在掌握、巩固刀工姿势和基本刀法的基础上，掌握基本料形知识和技能。

1. 识别常见的料形（片、丁、丝、条、块、粒、末、茸、段），掌握其细分种类名称、规格及适用原料。

2. 熟悉常见原料适合的料形及其规格。

3. 熟练切出规定要求的料形。

任务导入

某同学在学习食材成形时,感觉"各种原料成形很简单,不就是切出各种规定的形状嘛!",表现出很不在乎的态度。当轮到他自己切食材时,他才感觉到"看"与"做"的差异,甚至在面对原料时,有时感觉无从下手。

通过认真练习,他体会到,看似简单的各种料形,在加工时有着固有的规律,而这些规律要在老师的讲授、演示和自己的练习中反复实践、思考才能最终掌握。

任务实施

一、常见基本料形及其成形工艺

(一) 段

将原料横截成自然小节或断开叫段,如鱼段、葱段、山药段等。段和条相似,但比条宽或长一些。保持原来物体的宽度是段的主要特征,另外,段亦没有明显棱角特征。

❶ 成形方法　加工段状原料时常用的刀法有直刀法中的直切、推切、推拉切、拉切、剁和斜刀法,带骨的原料常用剁的方法。

❷ 成形规格

(1) 根据原料成形粗细不同可分为粗段和细段。

①粗段:粗段直径约 1 厘米,长约 3.5 厘米。其加工方法:a.用刀膛将所有原料顶端平齐;b.按合适长度,一般为 3.5 厘米左右,用直刀切断;c.后边各段也按相同的长度切断即可。

②细段:细段直径约 0.8 厘米,长约 2.5 厘米。其加工方法:a.按照 2.5 厘米左右的长度,用直刀切断原料;b.后边各段的长度也保持一致。

(2) 根据段的形态可分为直刀段和斜刀段。直刀段多用于柱形蔬菜和鱼,如红烧鳝段;斜刀段多用于葱、蒜等管状蔬菜。运用反斜刀法加工的段,叫"雀舌段",多为炒、爆菜的辅助料形。

(3) 根据长短可分为寸段、寸二段、寸半段三等,即分别为 3.3 厘米、4 厘米和 5 厘米。通常前两个等级可作为碟菜料形,后一等级可作为大菜料形。对于鱼中段南方则称之为"鱼方"。

❸ 加工要求

(1) 段的大小长短可根据原料品种、烹调方法、食用要求灵活调整。

(2) 加工脆性原料时应细一些,长度一般不超过 3.5 厘米。加工韧性原料时应粗一些,带骨的鱼段应更长一些(如红烧中段),但需要在原料上剞上刀纹,以易于成熟和入味。

(二) 块

块是菜肴原料中较大的一种形状,适合于韧性和脆性原料,用于炖、红烧和黄焖等烹调技法。

鱼段

❶ 成形方法

（1）加工块的不同刀法。块的成形通常适合于切、剁、斩等直刀法。

①切法：对原料质地较为松软、脆嫩，或是虽质地较韧，但去骨去皮以后就可以切断的，一般都采用切的刀法使其成块。如蔬菜类都可以用直切，已去骨去皮的各种肉类可以用推切或推拉切的刀法切成各种块形。

切块时一般要先将原料除去皮、瓤、筋、骨后，改成条形，如原料较小，即不必再分段分块。

②砍法或斩法：原料的质地较韧，或者有皮有骨，则可以采用砍或斩的刀法，使其成块。如各种带骨的肉类、鱼类等，可用斩、直砍、跟刀砍等刀法，斩或砍成块形。

砍块时原料的筋、骨、皮之类根据烹调的需要，有时亦可不必剔除，但也要先进行必要的加工。如鸡、鸭等就先要去掉嘴壳、粗皮、脚爪尖，猪、牛、羊等也要先加工成为适用于砍块的条形后再砍块，如原料较小，则亦可不必再分段砍块。

（2）不同块形的加工方法。块的种类很多，我们日常使用的有菱形块（象眼块）、大小方块、长方块（骨牌块）、梳子块、滚料块等。其中象眼块、大小方块等，可以采用直切、推切、推拉切、直砍等刀法，滚料块则采用滚料切的刀法。

①大小方块的加工方法：a. 去除原料的头、尾端；b. 切去四周圆边，按成品的边长切或斩成段；c. 按规格改刀成块。

②劈柴块的加工方法：a. 去除原料的头、尾端；b. 切去四周圆边，按成品的边长切或斩成段；c. 按规格拍成块。根据实际情况，此料形也可用撬刀法加工而成。

③菱形块的加工方法：a. 将原料四边切去；b. 将中间部分改刀切成段；c. 用直刀法并与原料成45°角，切成块。

④瓦块的加工方法：a. 将原料处理成长条形；b. 用斜刀片成块，如同瓦片一样的形状；c. 一直切到原料尽头为止。

❷ 成形规格　块的形状、大小、薄厚各异，规格也不尽相同，形体更不规则。块的大小应符合烹调的要求，可灵活掌握。

❸ 加工要求　块的大小，一方面取决于原料所改成的条的宽窄与厚薄，另一方面

菱形块

瓦块鱼

也取决于不同的加工方法。要使块的形状整齐,就要求所改条的宽窄、厚薄一致,刀法使用也要正确。

各种块形的选择,主要是根据烹调需要以及原料的性质。一般用于烧、焖的块可稍大一些,用于熘、炒的块可稍小些,原料质地松软、脆嫩的块可稍大一些,质坚硬而带骨的块可稍小。对某些块形较大的,则应在其背面剞上花刀,以便烹制时受热均匀入味。

块的种类及应用见下表。

块的种类及应用

料形	常见规格	成形刀法	加工要求	适用原料或烹调方法	应用
方块	2.5厘米×2.5厘米×2.5厘米	直刀法	呈正立方体,四边边长均等	常用于肉类	红烧肉

续表

料形		常见规格	成形刀法	加工要求	适用原料或烹调方法	应用
长方块	烤方	25厘米×20厘米×4厘米	直刀法	长方形大料形	常用于肉类	烤酥方
	酱方	16厘米×13厘米×3厘米	直刀法	小于烤方料形	常用于肉类	酱方、火方、东坡肉等
	蒸方	5厘米×3厘米×2厘米	直刀法	小于酱方料形	适用于鸡、鱼及冬瓜等	为蒸制常用方形,如八宝瓜方
	骨牌	2.5厘米×2.5厘米×1.5厘米	直刀法	小于蒸方料形,大小如骨牌,故名	常将排骨加工成此形	适合炸、熘、烧、烩等,如清滋排骨
菱形块		2.5厘米边长	直刀法	边长相等,由相对钝、锐角构成,又叫"象眼块"	不易变形原料,如植物原料、熟肉制品	用于冷盘造型,如肴肉、羊膏、酱牛肉、熟鸭脯等
三角块	正三角块	边长小于3厘米	直刀法	三角的两腰边相等,块面平整	常用于豆腐及豆腐干	三虾豆腐
	滚料块	边长小于3厘米	直刀法滚料切	在滚料时,刀平行后移,锥形三角呈交错角度后移	适于球形和柱形原料的块形	干烧冬笋(淮扬风味)
瓦块		长5~6厘米	斜刀法	形似中国旧式小瓦的块形,由正斜刀法加工	常用于鱼类原料	熘瓦块鱼、熏鱼
劈柴块		4.5厘米×2厘米	直刀法或撬刀法	形似劈柴,是一种特殊料形	常用于植物原料	干烧冬笋(山东风味)

(a)骨牌块

(b)滚料块

(三) 片

❶ 成形方法

(1) 加工片的不同刀法。一般有两种成形的刀法。

①切法:适用范围较广,特别是性韧、细嫩的原料。如各种肉类宜用推切和推拉切,蔬菜类宜用直切。

②片法:运用平刀法、斜刀法皆可取片,片形最为复杂多样,依据不同刀法的运用分平刀片和斜刀片两种基本类型。平刀片、斜刀片适用于一些质地较松软、直切不易切整齐,或者本身形状较为扁薄、无法直切的原料,可将原料片成片状,如形体薄小的各种肉类、鲜鱼、鸡肉或禽类内脏等制片。

不论哪种方法切片,都先将原料除去皮、瓤、筋、骨,改成适合切法或片法的形状后再行切片。

(2)不同片形的加工方法。

①柳叶片:a.将切成段的原料修整成合适的大小;b.将段的前后修形,削成半月形;c.直切成薄而窄长的片,形状像柳叶。

柳叶片的加工

②菱形片:a.将原料修整为长条状;b.用与原料成45°角的直刀修整为菱形块;c.用直刀法切成菱形片。

菱形片

③夹刀片:a.准备好原料,刀在适合的位置上直切;b.第一刀不切断,深度为原料的4/5;c.第二刀切断原料,形成夹刀片。

④月牙片:a.将圆形原料从中间横剖一刀,将原料切成两个截面为半圆形的物料状;b.顶刀切成半圆形的片即可。

❷ **加工要求** 从烹调的要求来看,一般汤菜用的片要薄一些;用于滑炒的片要稍厚一些;某些易碎烂的原料,如鱼片、豆腐片等,要厚一些;质地坚硬而带有韧性或脆性

夹刀片

月牙片

的原料,如鸡片、猪、牛、羊肉片及笋可稍薄一些。

片的种类及应用见下表。

片的种类及应用

料形		常见规格	成形刀法	加工要求	适用原料或烹调方法	应用
平刀片		6厘米×4厘米×0.2厘米左右	平刀法	片薄厚均匀,大小一致	常用于锅贴、锅塌的肉类	锅贴鸡、锅贴鱼
直刀片	长方片	大片6厘米×2厘米×0.2厘米 中片5厘米×2厘米×0.2厘米 小3.5厘米×1.5厘米×0.2厘米	直刀法	片薄厚均匀,大小一致	大片常用于扒、蒸、烩辅料,中片用于冷菜刀面料形,小片用于热碟辅料	扒三白、木须肉、冷拼
	月牙片	半径小于4厘米	直刀法	片薄厚均匀,大小一致	常用于热炒类、冷菜料形	熘肝尖、冷拼鸟类羽毛、火腿肠、小肚料形
	菱形片	大片8厘米×4厘米×0.3厘米 小片3厘米×2厘米×0.1厘米	直刀法	片薄厚均匀,大小一致	常用于冷菜拼摆刀面、热炒辅料	冷拼花瓣、热炒
	夹刀片	大小视原料而定	直刀法	一刀不断一刀断,两片相连的片形	夹类菜肴、蝴蝶造型	鱼香茄盒、五彩鱼卷
	佛手片	不超过3.5厘米×2厘米	直刀法	在扁薄原料上取片,五刀相连,受热卷曲似佛手,又称龙爪	用于炝、拌、炒、爆等技法	佛手黄瓜、龙爪长鱼

续表

料形		常见规格	成形刀法	加工要求	适用原料或烹调方法	应用
斜刀片	柳叶片	5厘米×1.5厘米×0.1厘米左右	斜刀法	两头微尖,中间略宽,片体较薄,形似柳叶	用于肝脏、里脊、鸡胸等切片,用于炒、熘	熘肝尖
	玉兰片	5厘米×2.5厘米×0.2厘米左右	斜刀法	一头微圆而宽,一头微尖而窄,片体较薄,形似玉兰花瓣	用于鱼肉或鸡脯上斜刀批下,用于滑炒	滑炒黑鱼片
	长条片	长约6厘米,宽约2.5厘米,厚度依所用原料而定	斜刀法	形体略长而窄,正反斜刀法皆可取,有的将正斜刀片称之为"抹刀片",体壁较厚,可烩制	适用于大菜。常用于油发肉皮、鱼肚或熟肚取片	奶扒鱼肚
	大菱形片	规格最大,6~8厘米长	斜刀法	片薄厚均匀,大小一致	适用于水发鱼皮、鱿鱼、鱼裙等原料取片,用于扒、烩大菜料形	蚝皇扒裙边

(四)条、丝

将片形原料切成细长的形状,即条或丝。条粗于丝,一般粗于0.5厘米的料形称为条,细于0.5厘米的料形称为丝,截面呈正方形。

❶ 条

(1)成形方法。条比丝粗。首先运用片(批)的刀法,将原料片(批)成大厚片,然后切制成条。条的形状与丝相似,切法也相近。切条同样需要先将原料加工成片形,再整齐叠切加工成条,亦可制成长条后改短,或改成段后再切成条。条也有粗细、长短之分,有粗条、中粗条、筷子条和象牙条。

①粗:a.将原料修整成大块;b.改刀成厚1.2厘米左右的片;c.按1.2厘米左右的间隔改刀成条。

②细:a.将原料切段;b.修整去圆边,切成厚0.4~0.5厘米的片;c.将片按相同的间隔改刀成条。

(2)成形规格。粗条又称手指条,粗1.2厘米,长4~6厘米;细条又称筷子条,粗0.4~0.5厘米。

(3)加工要求。加工时,韧性原料应细一些,脆性原料、软性原料应粗一些;用于烧、扒的应该粗一些;用于滑炒、滑熘的应细一些。

❷ 丝 丝呈细条状,它是运用片(批)、切等刀法加工而成的,成丝前先将原料片

粗条　　　　　　　　　　细条

(批)成大片,将其排成瓦楞形,然后在此基础上直刀切成丝状。丝的粗细取决于片的厚薄。

(1) 成形方法。切丝时需要先将原料加工成片形,然后再切成丝。以片切丝一般有以下两种排叠法。一种是将片排成阶梯形,另一种是将片排叠整齐后再切。大部分原料的排列都适用于阶梯形,如肉类、多数蔬菜类,而且效果也较好。整齐叠切只有少数原料适用,如豆腐干之类。此种切法还要求原料的形状、厚薄、大小比较整齐,否则,很难叠好,也就很难切好。不论阶梯形或整齐形,都要排叠一致,不能过高,否则,手不易按稳,容易倒塌,影响切丝的质量。还有一种叠的方法,是对某些面积较大、较薄或较窄的原料如海带、大白菜、小葱等,可先将其卷成筒状,再切成丝。

丝的粗细与片的厚薄有直接的关系,片厚则丝粗,片薄则丝细;并且切丝的刀距,与片的厚薄相同,同时刀身一定与原料的切口平行,这样切出的丝才粗细均匀,四棱方现。

丝有粗丝、细丝、银针丝等,原料切丝的粗细,主要根据烹调的要求与原料的质地来选择。

①粗丝:a.将原料按0.3厘米厚的标准切成片;b.叠成瓦楞状;c.按0.3厘米的间隔切成丝。

②细丝:a.按照小于0.1~0.2厘米的间隔,将原料切成片;b.叠好后再切成丝。

(2) 成形规格。常见的有粗丝、细丝、银针丝等三种规格。粗丝粗约0.3厘米,长4~8厘米;细丝粗小于0.3厘米,长2~4厘米。用于滑炒、滑熘的丝应细些,用于干煸、清炒的丝应粗些。

粗丝　　　　　　　细丝　　　　　　　银针丝

(3) 加工要求。加工片时要注意厚薄均匀,切丝时要切得长短一致,粗细均匀。原料加工成片后,不论采取哪种排列方法都要排叠整齐,且不能叠得过高。左手按稳原料,切时原料不可滑动,这样才能使切出来的丝粗细一致。

根据原料的性质决定顺切、横切或斜切。例如牛肉纤维较长且肌肉韧带较多,应当横切;猪肉比牛肉嫩,筋较细,应当斜切或顺切,使两根纤维交叉搭牢而不易断碎;鸡肉、猪里脊等质地很嫩,必须顺切,否则烹调时易烂。

条、丝的种类及应用见下表。

条、丝的种类及应用

料形		常见规格	成形刀法	加工要求	适用原料或烹调方法	应用
条	粗条	6厘米×1.2厘米×1.2厘米	直刀法	因如指粗,故又称手指条。一般不作终结料形,可再加工成丁	适用于肉条、鸡丁,用于扒、炖	扒羊肉条
	中粗条	5厘米×1厘米×1厘米	直刀法	因粗如笔杆,又称之为笔杆条,可加工成丁	一般用于熘、炒、烩等,有时用于冷盘料形	卤笋条、酱汁茭白
	筷子条	4厘米×0.5厘米×0.5厘米	直刀法	因粗如竹筷,故称之为筷子条,可再加工成粒	用于炒、烩等	茄汁鱼条
	象牙条	与筷子条相似	直刀法	两端粗细不同,如象牙形状	用于炒、烩等辅料	笋条、青椒条
丝	粗丝	长3~4厘米,粗0.3厘米	直刀法	粗细均匀,注意原料纤维方向	适用于收缩率大或易碎原料,如牛肉、鱼肉等。用于炒、烩、余等	炒龙凤丝
	细丝	长3~4厘米,粗0.15厘米	直刀法	因细如火柴梗,故又称火柴梗子丝	适用于收缩率较低或具有一定韧性、脆性的原料	炒鸡丝笋丝
	银针丝	长3厘米左右,粗0.1厘米以下	平刀法 直刀法	细如麻线,可穿过针眼	适用于植物块根性的原料和软嫩的原料	姜丝、菜松、文思豆腐

(五) 丁、粒、末

丁、粒、末均系由条、丝等料形运用直刀法,将其加工成一定大小的正方体料形。丁是大于粒的小块,丁的成形一般是先将原料切成厚片,将厚片切或斩成条,再将条切或斩成丁。切或斩丁的刀距与片的厚薄相同,丁的大小决定于条的粗细。粒的形状较丁小些,大的有如黄豆,小的与绿豆、大米相似,粒的成形方法与丁相同。末的大小有如小米或油菜籽,一般将原料剁、铡、切细而成,常见的有肉、姜、蒜、葱末等。

❶ 丁 丁的形状近似于正方体,它的成形方法是通过片(批)、切等刀法,将原料加工成大片,再切成条状,最后改刀成正方体的形状。它的大小取决于条的粗细,粗条可以加工成大丁,细条可以加工成小丁,介于两者之间称为中丁。根据烹调和菜肴特点需要,可灵活加工成形。

(1) 成形方法。

①菱形丁：a.将原料切成大片；b.改刀成条，厚和宽要一致；c.用与原料成45°角的直刀切成菱形丁。

②方丁：a.将原料切成大片；b.用直刀法切成长条，注意宽度和厚度一致；c.用直刀改切成正方形丁。

③橄榄形丁：a.将原料切成正方形长条；b.用小刀削两头呈橄榄形。

④骰子形丁：a.将原料修整好，中心位置切成长条；b.改刀成正方形的丁；c.将丁的棱角切除。

(2) 成形规格。大丁约2厘米见方，中丁约1.2厘米见方，小丁约0.8厘米见方。

(3) 加工要求。用于充当配料的丁一般要小于主料，充当主料的丁一般要求稍大一些。加工质地较老的动物性原料要先用拍或捶法将其肌肉纤维组织弄松。结缔组织较丰富的原料，片（批）成大片后，将其两面排剞上刀纹，有利于肉质疏松，断其筋络，扩大肉质的表面积，易于吸收水分，便于成熟和调味品渗透。

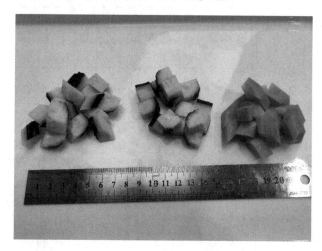

菱形丁（左、右）、方丁（中）

❷ 粒　粒是小于丁的正方体，它的成形方法与丁相同。加工要求与丁相同。

(1) 成形方法。

①豌豆粒：a.将原料切成0.5厘米厚的片；b.改刀切成相同宽度的长条；c.直刀切成正方形粒。

②绿豆粒：a.同豌豆粒一样，但更小，0.3厘米左右；b.改刀切成相同宽度的长条；c.直刀切成正方形粒。

(2) 成形规格。豌豆粒约0.5厘米见方。绿豆粒约0.3厘米见方。

❸ 末　末的形状是一种不规则的形体，其是通过直刀剁或斩加工完成的。

(1) 形状名称：粗末、细末。

(2) 适应原料：韧性原料、脆性原料、软性原料、硬实性原料。

(3) 加工要求：加工时要将原料斩断筋络。用于制作大丸子的末应相对粗一点，制作小丸子的末相对细一点。

末

丁、粒、末的种类及应用

料形		常见规格	成形刀法	加工要求	适用原料或烹调方法	应用
丁、粒、末	大丁	边长2厘米左右	直刀法	切或斩丁的刀距与片薄厚相同,丁的大小取决于条的粗细	适用于收缩率大或软嫩的原料,用于炸、熘、烧菜	蒜子牛肉粒、油爆豆腐
	小丁	边长1.2厘米左右	直刀法	同上	适用于大部分动植物原料,用于炒、爆菜	酱爆肉丁
	豌豆粒	边长0.5厘米左右	直刀法	切或斩粒的刀距与片薄厚相同,粒的大小取决于条的粗细	适用于大部分动植物原料,用于炒、烩、馅心菜	瓜姜鱼米豆、豌豆烩鸡丁、狮子头
	绿豆粒	边长0.3厘米左右	直刀法	同上	适用于大部分动植物原料,用于炒、烩、馅心菜	松子鱼米、葱花
	末	边长小于0.1厘米	剁、铡、切	末的形状不规则,通常通过直刀剁而成	适用于馅心	葱、姜、蒜末

（六）茸（泥）

茸（泥）的颗粒更为细腻,加工方法与末略有不同,它是运用刀背捶击而成的。一般是以鱼、虾、猪、牛、羊、鸡、兔肉为原料,用捶、剁、刮的刀法制成的。其质量要求是将原料捶剁得极细,形成泥状,在剁、捶、刮之前,应将原料的筋、皮等除尽。

❶ **成形规格** 细茸需要过箩（小于150目）滤制,粗茸则过粗箩或不需滤制,但要用刀刃斩断筋络。

❷ **适应原料** 精挑细选的净瘦肉、肥膘肉、净鸡肉、净鱼肉等。熟制的土豆、淮山药、赤小豆、豌豆等也能加工成茸。

❸ **用途举例** 用于制作菜肴,如扒酿海参、鸡茸鱼肚、蝴蝶海参、炒三泥等,也用于制作馅心。

❹ **加工要求** 在制茸前,要剔除筋络。制细茸时选用一大块净肉皮铺在砧板上,将肉放在肉皮上捶击,可使加工出的肉茸洁白、细腻、无杂质。在制茸时,鱼、虾等馅需要适当搭配一点猪肥膘以增加茸馅的黏性,其比例是鸡茸约放 1/3,肉、鱼、虾茸等约放 2/3。

❺ **加工步骤** 将原料放在砧板上,用刀不断地锤击,直到原料颗粒细腻、洁白、无杂质即可。

茸(泥)的种类及应用

料形		规格	成形刀法	加工要求	适用原料或烹调方法	应用
茸(泥)	粗茸	过箩大于150目	剁、捶	原料去净筋膜、皮等	适用于动物原料和部分植物块根原料	清汤牛肉丸
	细茸	过箩小于150目	捶、刮	同上	适用于鸡、鱼等纤维较细的原料	佘鱼腐、奶扒鸡茸菜心

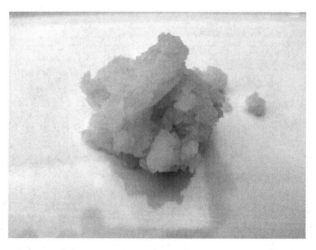

鱼茸

二、基本料形的成形工艺训练方法

以白萝卜为例,按照标准选取典型的料形进行切制训练。

❶ **练习品种** 滚料块、菱形片、夹刀片、柳叶片、条、丝。

❷ **辅助工具** 料形模型、微视频。

❸ **方法** 按照参考方法思考其成形原理与方法,切出指定规格的料形,直至熟练。

三、基本料形的成形工艺检测标准

能在规定时间内切出指定的料形。

测试项目	评分标准	得分
基本料形 （10分）	完成时间：规定时间内完成4分；超时完成酌情0~3分	
	成品质量：能够切出规范的滚料块、菱形片、夹刀片、柳叶片、条、丝等料形。达标者6分；较达标者5分；一般达标者4分；不达标者0~3分	

任务检验

一、选择题（单选）

1. 适合"五香熏鱼"的料形是（　　）。
 A. 劈柴块　　　B. 瓦楞块　　　C. 菱形块　　　D. 长方块
2. 适用高温短时间加热的菜肴原料多为（　　）。
 A. 体积小而薄的原料　　　　B. 体积大而厚的原料
 C. 质老韧性大的原料　　　　D. 质嫩的原料

二、讨论题

自行选取常用的三种原料，分析其可以加工成什么料形，相应的规格、加工方法与要点是什么。

扫码看答案

任务二　花刀料形的成形工艺与规格

任务目标

1. 了解花刀的意义。
2. 熟悉常见深剞花刀和浅剞花刀的细分种类，掌握其细分种类名称、适用原料及菜品。
3. 掌握常见花刀料形的加工方法与技巧。
4. 熟练切出规定原料的蓑衣、麦穗、菊花、一字花刀等常见花刀料形。

任务导入

我国自古就有尊崇和弘扬工匠精神的优良传统，一些工艺水平在世界上长期处于领先地位。瓷器、丝绸、家具等精美制品和许多庞大壮观的工程建造，都离不开劳动者精益求精的工匠精神。《诗经》中的"如切如磋，如琢如磨"，反映的就是古代工匠在切割、打磨、雕刻玉器等时精益求精、反复琢磨的工作态度。《庄子》中讲庖丁解牛游刃有余，"道也，进乎技矣"。可以说，我国古代非常注重工匠精神，形成了"尚巧工"的社会氛围。1949年以来，我们党在带领人民进行社会主义现代化建设的进程中，始终坚持弘扬工匠精神。无论是"两弹一星"、载人航天工程取得的辉煌成就，还是高铁、大飞机等的设计与制造，都离不开工匠精神，都展现出我们对工匠精神的继承与发扬。

烹饪中花刀也是工匠精神的一种具体体现。花刀在中国烹饪中不仅体现了厨师对美的追求,也体现了厨师在加工原料时充分利用原料的特性,让其发生"形"的华丽转身。本任务主要学习烹饪原料花刀成形原理、方法与技巧。

任务实施

一、剞花的性质、作用及原料选择

（一）剞花的性质和作用

在原料的表面切割成一定宽度、深度的图案条纹,使之受热收缩或卷曲成象形形状的加工工艺,称之为剞花(即花刀成形)。剞花是在基本刀工的基础上运用力学原理加工料形的特殊内容,除了美化菜肴之外,还有其他作用,具体表现如下:其一,能缩短成熟时间,使原料受热均匀,达到原料内外老嫩成熟度的一致性;其二,有利于原料味的渗透,便于异味散发;其三,有利于卤汁的裹覆,改善菜肴的口味。

（二）剞花的原料选择

并不是任何原料都可以用来剞花,剞花对原料有特定选择依据,一般有如下三项标准。

❶ **具有剞花的必要** 所用原料如较厚不利于热的均衡渗透,或过于光滑不利于裹覆卤汁,或有异味不便于在短时间内散发,则具有剞花的必要。

❷ **利于剞花的实施** 所用原料必须具有一定面积的立体结构,利于剞花的实施和刀纹的伸展。

❸ **突出条纹的表现力** 所用原料应具备不易松散破碎而有一定韧性和弹力的条件,具有受热收缩或卷曲变形的性能,能突出剞花刀纹的美观。

依据上述三项标准,常用于剞花的原料一般有整形的鱼,方块的肉,畜类胃、肾、心,禽类的砂胃、鱿鱼、鲍鱼的肉等,有时豆腐干亦可用于剞花。

二、剞花的基本刀法和类型

在剞花的过程中,大多是平刀法、直刀法和斜刀法的综合运用,故有人亦称之为混合刀法。在这个意义上,剞花的基本刀法是直剞、斜剞和平剞。

（一）直剞

运用直刀法在原料表面切割具有一定深度刀纹的方法,适用于较厚原料。直剞条纹短于原料本身的厚度,呈放射状,挺拔有力。

（二）斜剞

运用斜刀法在原料表面切割具有一定深度刀纹的方法,适用于稍薄的原料。斜剞条纹长于原料本身的厚度,层层递进相叠,呈披覆之鳞毛状,有正斜剞与反斜剞之分。

（三）平剞

运用平刀法将原料横纵切至呈相连状的方法,适用于较小块的原料。平剞条纹最长,呈放射的菊花瓣状。

依据刀纹的深浅度区别,有深剞花形与浅剞花形两个基本类型。深剞花形刀纹深度超过厚度 1/2 以上,使原料的受热卷曲变形,或方便筷夹取食,主要以脆嫩性脏器、鱿鱼、带皮鱼肉和方块肉为加工对象。浅剞花形刀纹深度不超过 1/2,使表面收缩成形,突出刀纹的图案美,主要以整条鱼为加工对象。

三、剞花形态的种类

(一) 深剞花刀操作应遵循的原则

❶ **应顺应原料的肌纤维排列方向**　一般来讲,平面排列的原料是对向卷曲;立面排列的原料是四面卷曲;网状排列的则收缩变形。此三类变形性质是花刀实施的依据。

❷ **剞刀的深度与刀距皆应一致**　如果剞刀的深度与刀距不一致,会导致收缩不均,翻卷不一,既不能均匀受热,又影响形体的美观。

❸ **较薄原料宜采用斜剞的刀法**　较薄原料采用斜剞的刀法,以增加条纹坡度,较厚原料宜采用直剞的刀法,以表现条纹的挺拔,切不可盲目剞刀,因形伤质。

❹ **所剞花形应符合加热特性,区别运用**　一般来说,炖、焖、扒、烧所用花形应较大;爆、炒、熘、炸所用花形居中;氽、涮、蒸、烩所用花形应较小。

(二) 浅剞花刀操作应遵循的原则

(1) 应以简单的形式达到好的效果,并在简单线条表现中体现形式的美观。

(2) 应与具体菜肴相贴切,构成统一的意趣氛围。

(3) 应根据鱼体特征而赋予变化,充分体现出原料的优点,而避开原料的弱点。

(4) 因为鱼皮收缩,易与肌肉分离脱落,因此,在剞花时应充分注意刀纹之间的连接性,防止肌肉裸露,因剞伤质。

四、深剞花刀的成形工艺

(一) 蓑衣花刀

蓑衣花刀的刀纹运用直刀直剞和直刀推剞等方法加工制成。

❶ **成形方法**　加工时,先在原料一面直刀(或推刀)剞上一字花刀,深度一般大于原料厚度的 1/2。然后,在原料的另一面采用同样的刀法,与一字花刀的刀纹相交,即是蓑衣花刀。

❷ **适用原料**　黄瓜、青瓜、冬笋、莴笋、豆腐干等。

❸ **用途举例**　多用于冷荤制作。

❹ **加工要求**　要求刀距、深浅、分块均匀一致。

❺ **步骤**

(1) 在原料一面直刀(或推刀)剞上一字刀纹,刀纹深度一般大于原料厚度的 1/2。在原料的另外一面也用同样的刀法。根据实际情况,也可变换为用直刀剞和斜刀剞相结合的方法。

(2) 完成后的成品呈蓑衣状。

(二) 麦穗花刀

麦穗花刀的刀纹运用直刀推剞和斜刀推剞加工制成。

蓑衣花刀-萝卜

❶ **成形方法** 大小麦穗的主要区别在于麦穗的长短变化。长者称大麦穗,短者称小麦穗,其加工方法基本相同。加工时先斜刀推剞,倾斜角度约为 40°,刀纹深度为原料厚度的 3/5。再转一个角度直刀推剞,直刀推剞与斜刀推剞相交,以 70°~80°为宜,深度约为原料的 4/5,最后改刀成块。经加热后即卷曲成象形的麦穗形态。

❷ **适用原料** 腰子、鱿鱼、墨鱼等。

❸ **用途举例** 用于炒腰花、油爆鱿鱼卷等。

❹ **加工要求** 刀距、进刀深浅、斜刀角度要均匀一致,大麦穗剞刀的倾斜角度越小,麦穗越长。剞刀倾斜角度的大小,应视原料厚薄来灵活调整。

❺ **步骤**

(1)将原料斜刀推剞。

(2)倾斜角度约为 40°,刀纹深度是原料厚度的 3/5。

(3)转一个角度,直刀推剞,与斜刀推剞相交,以 70°~80°为宜。

(4)改刀切成块。

麦穗花刀-鱿鱼

(三)菊花花刀

菊花花刀的刀纹是运用直刀推剞的加工方法制成的。

❶ **成形方法** 加工时在原料上剞上横竖交错的刀纹,深度约为原料厚度的 4/5,两刀纹相交 90°,改成 3~4 厘米的正方块,经加热后即卷曲成菊花形态。

❷ **适用原料** 净鱼肉、鸡鸭胗、通脊肉等。

❸ **加工要求**　刀距、刀纹深浅均匀一致，要选择肉质较厚的原料。

❹ **步骤**

(1) 用直刀推剞将材料剞直刀纹。

(2) 剞 4~5 片后用刀切断。

(3) 剞的深度为原料的 4/5 左右。

(4) 将材料转一个角度，仍用直刀推剞的方法，剞成一条条与第一次剞成的直刀纹垂直的平行刀纹，规格与第一次剞的相同。

（四）荔枝花刀

荔枝花刀的刀纹是运用直刀推剞的方法制成的。

菊花花刀

❶ **成形方法**　先用直刀推剞，进刀深度约为原料厚度的 4/5，然后转一个角度直刀推剞，两直刀纹相交 80°左右，再改成边长约 3 厘米的等边三角形，经加热后即卷曲成荔枝形态。

❷ **适用原料**　腰子、鱿鱼等。

❸ **用途举例**　用于制作荔枝鱿鱼、芫爆腰花等。

❹ **加工要求**　刀距、深浅、分块要均匀一致。

❺ **步骤**

(1) 将食材用直刀推剞成花纹。

(2) 将原料转一个角度，用直刀推剞的方法，剞成与第一次成 80°角的相交花纹。

(3) 切成约 3 厘米大小的三角块。

（五）松鼠花刀

松鼠花刀的刀纹是运用斜刀拉剞、直刀剞等方法加工制成的。

❶ **成形方法**　先将鱼头去掉，沿脊骨用刀平片（批）至尾根部，斩去脊骨，并片去胸刺，然后在两扇鱼片上剞上斜刀纹，刀距约 3 厘米，再将鱼肉转动 90°，剞上直刀纹，刀距约 1 厘米。直刀纹和斜刀纹均剞到鱼皮两刀相交构成菱形刀纹，经加热即成松鼠花刀状。

❷ **适用原料**　大黄花鱼、鲤鱼、鳜鱼等。

❸ **用途举例**　用于制作松鼠鳜鱼、松鼠黄鱼等。

❹ **加工要求**　刀距深浅、倾斜角度都要均匀一致，原料应选择净重约 2000 克的鱼为宜。

❺ **步骤**

(1) 将鱼头剁掉。

(2) 沿脊骨用平刀推片至鱼尾处停刀。

(3) 使鱼肉与主骨分离。

(4) 另外一边也同样操作，去掉脊骨。

(5) 将鱼肉修整好。

（6）用斜刀剞的方法将鱼肉剞成一条条平行的斜刀纹，运刀至鱼皮停刀，每刀间隔3厘米。

（7）将鱼肉翻转90°，用直刀剞的方法剞成一条条与斜刀纹呈直角相交的平行直纹，深度到鱼皮，间隔1厘米左右。

（8）用上述方法将鱼的另外一面也剞一次，最后加上鱼头和鱼尾，摆好造型。

松鼠花刀

（六）麻花花刀

麻花花刀成形是用直刀切，再经穿拉而成的。

❶ **成形方法** 将原料片成长片。在原料中间划开口，然后在中间口两旁各划上一道长口，用手握住两端，并将原料从中间缝口穿过，即成麻花形。

❷ **适用原料** 莴苣、腰子、肥膘肉、通脊肉等。

❸ **成形用途** 用于制作凉拌莴苣、软炸麻花腰子、芝麻腰子等。

❹ **加工要求** 刀口要长短一致，成形规格要相同。

❺ **步骤**

（1）将原料片成长片，然后在中间顺长划开3.5厘米的口子。

（2）在口子的一侧划上3厘米长的口。

（3）另外一侧也是如此。最后将原料从中间的缝口穿过，即成麻花形。

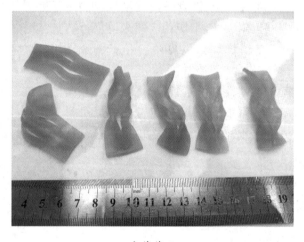

麻花花刀

（七）鱼鳃花刀

鱼鳃花刀的原料成形是运用直刀推剞或斜刀拉剞加工制成的。

① **成形方法** 将原料片成片,运用直刀推剞的刀法,剞上深度约为 4/5 的刀纹,转一个角度斜刀剞上深度约为 3/5 的刀纹。用斜刀拉剞的刀法将原料断开,即一刀相连一刀断开,即成鱼鳃片。

② **适用原料** 腰子、茄子等。

③ **成形用途** 用于制作鱼鳃腰片、炒鱼鳃茄片等。

④ **加工要求** 刀距要均匀一致。

⑤ **步骤**

（1）用直刀推剞的方法剞出数行平行的刀纹,深度约为原料的 4/5。

（2）将原料转一个角度,用斜刀拉剞的方法剞出与直刀纹垂直的平行斜刀纹。在第 2 片的时候片断。

五、浅剞花刀

（一）斜一字花刀

斜一字花刀的刀纹是运用斜刀或直刀推剞的方法加工制成的。

① **成形方法** 将原料两面朝上剞出斜向一字排列的刀纹。半指刀纹间距约 0.5 厘米,一指刀纹间距约 1.5 厘米。

② **适用原料** 黄花鱼、青鱼、胖头鱼、鳜鱼等。

③ **用途举例** 半指刀纹宜制作干烧鱼,一指刀纹宜制作红烧鱼。

④ **加工要求** 加工时刀距、刀纹深浅要均匀一致,鱼的背部刀纹要相对深一些,腹部刀纹要相对浅一些。

⑤ **步骤**

（1）从鱼头开始,剞出斜一字的刀纹。

（2）按相同刀距剞好后边的刀纹,在鱼的另外一面也同样剞上刀纹。

斜一字花刀

（二）柳叶花刀

柳叶花刀的刀纹是运用斜刀推（或拉）的刀法加工制成的。

柳叶花刀

❶ **成形方法**　加工时在原料两面均匀剞上宽窄一致的刀纹（类似叶脉的刀纹）。

❷ **适用原料**　武昌鱼、胖头鱼等。

❸ **用途举例**　用于制作清蒸鱼等。

❹ **加工要求**　同斜一字花刀。

❺ **步骤**

（1）在鱼身一侧中央由头到尾用直刀剞上一条刀纹。

（2）从此刀纹起，向鱼背剞上3～5条斜直纹。在另外一侧剞上相同的刀纹。

（三）十字花刀

十字花刀的刀纹是运用直刀剞的方法加工制成的。

❶ **成形方法**　加工时要在原料两面均匀剞上交叉十字形刀纹。原料大的，刀距可密些；原料小的，刀距可宽些。

❷ **适用原料**　鲤鱼、青鱼、鳜鱼等。

❸ **用途举例**　多十字花刀宜制作干烧鱼，十字花刀宜制作红烧鱼、酱汁鱼等。

❹ **加工要求**　与斜一字花刀相同。

❺ **步骤**

（1）先用直刀剞的方法将鱼身两面剞成一条条平行的直刀纹。

（2）将鱼身翻转90°，仍用直刀剞的方法，剞成一条条与直刀纹相交的平行直纹。

十字花刀

（四）月牙花刀

月牙花刀的刀纹是运用斜刀拉剞的方法加工制成的。

❶ **成形方法** 加工时在原料两面均匀剞上弯曲似月牙的刀纹,刀纹间距约0.6厘米。

❷ **适用原料** 平鱼、武昌鱼等。

❸ **用途举例** 用于制作清蒸鱼、油浸鱼等。

❹ **步骤**

(1)在鱼的头部附近开始剞。

(2)刀用弯曲的方法剞成月牙状。

(3)刀纹内可夹上其他食材。

月牙花刀

(五)牡丹花刀

牡丹花刀的刀纹是运用斜刀(或直刀)推剞、平刀片(批)等方法加工制成的。

❶ **成形方法** 加工时将原料两面均剞上深至鱼骨的刀纹,然后用平刀片(批)进2~2.5厘米深,将肉片翻起,再在每片肉上剞上一刀,原料每面翻起,剞7~12刀,经加热即呈牡丹花瓣的形态。

❷ **适用原料** 黄花鱼、鲤鱼、青鱼等。

❸ **用途举例** 用于制作糖醋鱼等。

❹ **加工要求** 原料应选择净重约1500克者为宜,每片大小要一致,剞刀次数要相等。

❺ **步骤**

(1)在鱼身左侧,由左部胸鳍后下刀,直刀剞至鱼脊骨,然后将刀身放平,贴鱼骨向头部片至鱼眼处。

(2)每隔4厘米重复操作一次。

(3)在鱼身另一侧采取同样方法进行。

六、花刀料形的成形工艺训练方法

以白萝卜为原料训练蓑衣花刀的成形工艺;以水发鱿鱼为原料训练麦穗花刀的成

牡丹花刀

形工艺;以草鱼为原料训练菊花花刀的成形工艺;以猪腰为原料训练鱼鳃花刀的成形工艺;以鲫鱼为原料训练斜一字花刀的成形工艺;以鳊鱼为原料训练柳叶花刀的成形工艺;其他的花刀料形训练根据实际情况开展。

七、花刀料形的成形工艺检测标准

以蓑衣花刀为例。

测试项目	评分标准	得分
蓑衣花刀 (30分)	1.站姿与手法规范:站立时双脚呈八字,同肩宽,收腹含胸头微低,腰直;运刀时,双目注视,握刀手势正确,运刀有力,左右配合适度,走刀均匀。达标者10分;基本达标者6~8分;一般达标者3~5分;不达标者0~2分	
	2.完成时长(5分):规定时间内完成者5分;超时完成酌扣0~4分	
	3.成品质量:走刀均匀,刀纹缝隙清晰,提起呈螺旋形态,长度为毛料的1.5倍以上,深度为2/3。达标者15分;基本达标者9~12分;一般达标者4~8分;不达标者0~3分	

> 任务检验

一、多选题

1. 以下选项中,属浅剞花刀成形的有(　　)。
A.一字花刀　　　B.柳叶花刀　　　C.菱格花刀　　　D.麦穗花刀
2. 以下选项中,属深剞花刀成形的有(　　)。
A.梳子花刀　　　B.蓑衣花刀　　　C.柳叶花刀　　　D.麦穗花刀

二、判断题

通常情况下,深剞花刀刀纹深度不超过1/2,主要作用是使原料表面受热收缩成形,突出刀纹的图案美,主要用于加工整条鱼。(　　)

三、填空题

深剞花刀所剞花形应符合_____特性,区别运用。一般来说,炖、焖、扒、烧所

用花形应较大;爆、炒、熘、炸所用花形居中;氽、涮、蒸、烩所用花形应较小。(提示:答案为两个汉字)

四、简答题

1. 以运用蓑衣花刀切制白萝卜为例,分析蓑衣花刀的方法与要领。在此基础上,总结自己的学习和练习心得。

2. 以运用麦穗花刀切制水发鱿鱼为例,分析麦穗花刀的方法与要领。在此基础上,总结自己的学习和练习心得。

项目十

烹饪原料初加工

项目描述

烹饪原料初加工是将烹饪原料中不符合食用要求或对人体有害的部位进行清除和整理的一道加工工序,是菜肴组配前一个极其重要的工艺环节,其加工质量的优与劣直接关系到菜肴质量的好与坏。初加工技法随烹饪原料的不同而变化。本项目将从常见的植物性、动物性原料的初加工入手,详细介绍烹饪原料初加工标准,以增强学生烹饪原料初加工能力。

常见的烹饪原料初加工技能主要包括以下几项。

1. 宰杀 将活鲜的动物性原料屠宰的过程。如宰杀甲鱼、活鸡、鲫鱼等。

2. 洗涤 利用清水将动、植物性原料上的污迹、泥沙、血水等洗去的过程。比如洗白菜、鸡肉、苹果等。

3. 剖剥 将动、植物性原料不能食用或影响食用的部分去除的过程。比如去鱼鳞及剥莴笋外皮、板栗壳等。

4. 拆卸 将整体的动、植物进行分档取料或出肉加工的过程。比如卸蟹腿、剔鸡腿骨、取虾仁等。

5. 涨发 将干货原料重新回软膨胀的加工过程。比如涨发干鱿鱼、水发香菇、涨发干豆角等。

正确的烹饪原料初加工除能有效保护好原料的色、香、味外,其技术性也相当强。掌握好烹饪原料的初加工技能,对于降低原料损耗,控制原料成本,展现原料品质等都有着极其重要的意义。

项目目标

1. 了解烹饪原料的加工对象。
2. 理解烹饪原料初加工的目的。
3. 掌握烹饪原料初加工方法和加工标准。
4. 了解烹饪干货原料的涨发。

任务一　常见植物性烹饪原料初加工

任务目标

1. 掌握叶类蔬菜初加工方法。
2. 掌握根茎类蔬菜初加工方法。
3. 掌握瓜果类蔬菜初加工方法。
4. 掌握豆荚类蔬菜初加工方法。
5. 掌握食用菌类初加工方法。

任务导入

对于一名烹饪初学者来说,烹饪原料初加工是一项极其重要的基本技能,是菜肴质量达标的基础。假想一道色、香、味俱佳的菜肴中如果出现异物或异味,其后果不言而喻。常见植物性原料的供应现状随社会不断发展而不断优化,餐饮一线初加工的工序也逐步简化,但由于蔬菜供应链的复杂性较高,进入厨房一线的蔬菜状况的不确定因素较多,导致蔬菜初加工压力很大。为确保蔬菜经过初加工后能最大限度地满足菜肴出品要求,必须掌握蔬菜初加工方法,下面我们共同来完成学习常见植物性原料的初加工方法,提高对植物性食材初加工能力。

> **案例一**　小张从厨三年,由于工作需要,将他转到凉菜岗,在加工桂花山药这道菜时,由于不熟悉山药初加工工艺,采取先去皮后煮熟(或蒸熟)的方法,出现菜品色泽暗淡花白的情况,致使这道菜无法正常出品,为企业经营带来损失,企业按规定对其进行了处罚。
>
> **案例二**　某某餐厅为食客制作了一道干锅四季豆,食客在品鉴时发现四季豆茎络未处理干净,咀嚼时塞牙并感到质感较老,直接导致食客退菜,为企业经营造成损失,究其原因是刚入职的小汪未按要求择洗四季豆。
>
> 这些问题在餐饮一线经常出现,导致问题发生的原因主要表现为三个方面:其一是不熟悉食材的特性,导致初加工工序不符合要求;其二是管理不严,管理者未对加工人员提出初加工标准;其三是加工人员不熟悉食材初加工标准。这些原因直接导致菜肴出品不达标。

任务实施

一、植物性烹饪原料初加工概念

植物性烹饪原料初加工是指将植物性原料中不能食用的部位[老根(茎)、黄叶、外皮、内核、芽根等]进行清理或剔除,最大限度满足菜肴出品的要求。

二、植物性烹饪原料初加工分类

植物性烹饪原料在中式菜肴中利用率较高,对完善菜肴色、香、味、形、养起到积极作用。其按植物性烹饪原料自然属性,一般可分为叶类蔬菜初加工、根茎类蔬菜初加工、瓜果类蔬菜初加工、豆荚类蔬菜初加工、食用菌类初加工。

（一）叶类蔬菜初加工

叶类蔬菜初加工是餐饮一线最基础的加工环节,主要采取择剔手法,将不可食用的老叶、黄叶、烂叶、败叶等部位清除掉,留下色泽光艳、质感饱满、卫生安全的部位,清洗后达到菜肴制作要求。

❶ **上海青初加工流程及标准图示**　上海青初加工时首先去掉老（黄）叶帮,再竖切为6～8瓣,洗净即可。

  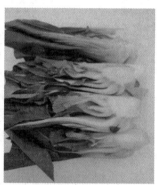

(a)上海青　　　　　　(b)择洗中的上海青　　　　　(c)加工后的上海青

❷ **菠菜初加工流程及标准图示**　注意事先剪去根部,再将根茎部位掰开,矮棵菠菜掰开后洗净直接使用,长棵菠菜根据需要分割成段洗净即可。

(a)菠菜　　　　　　　(b)择洗后的菠菜

❸ **包菜初加工流程及标准图示**　包菜初加工一般从中剖开后,加工成丝、片、丫等形状后冲洗干净即可。

(a)包菜　　　　　　　(b)剖开后的包菜

❹ **大白菜初加工流程及标准图示**（同包菜）

❺ **苋菜初加工流程及标准图示**（同菠菜）

（二）根茎类蔬菜初加工

按菜肴制作的要求，将影响成菜出品标准的部位（表皮、老根、老筋、芽根）采取削、刨、剥的方法清理干净，清洗后达到使用要求。

❶ **莲藕初加工流程及标准图示**　莲藕初加工时首先去掉藕节带毛部位，再使用刨刀去除表皮，洗净后放入清水中浸泡即可。

　　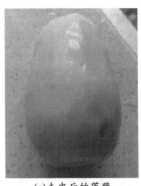

(a)莲藕　　　　　　　　(b)削皮中的莲藕　　　　　　(c)去皮后的莲藕

❷ **白萝卜初加工流程及标准图示**　白萝卜去掉头尾，用刨刀刨去表皮，洗净即可使用。

(a)白萝卜　　　　　　　(b)洗净后的白萝卜

❸ **山药初加工流程及标准图示**　一般先洗净表面泥沙，上笼蒸熟后再用刨刀刨去表皮即可。

(a)山药　　　　　　　(b)洗净蒸熟后的山药　　　　　(c)去皮后的山药

❹ **西芹初加工流程及标准图示**　首先使用刨刀刨去表面带筋部位，洗净即可。

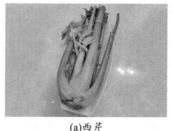  

(a)西芹　　　　　　　(b)去筋中西芹　　　　　　(c)洗净后西芹

❺ **马铃薯初加工流程及标准图示**　马铃薯初加工时首先洗去表面泥沙,再使用刨刀刨去表皮,洗净后放入清水中即可。

(a)马铃薯　　　　　　(b)削皮中马铃薯　　　　　(c)去皮后的马铃薯

❻ **茭白初加工流程及标准图示**　茭白初加工只需用刨刀刨去表皮,洗净即可使用。

 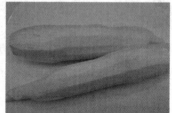 

(a)茭白　　　　　　　(b)刨皮后的茭白　　　　　(c)洗净后的茭白

（三）瓜果类蔬菜初加工

将瓜果中不符合菜肴出品要求的部位（如外皮、内瓤等）采取削、刨、烫、挖的方法清理掉,清洗后达到使用要求。

❶ **黄瓜初加工流程及标准图示**　黄瓜初加工时需刨去表面带刺部分,洗净即可（有的需剖开后去瓤）。

 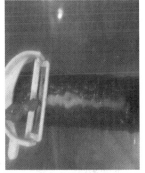 

(a)黄瓜　　　　　　(b)去皮中的黄瓜　　　　　(c)去皮后的黄瓜

❷ **苦瓜初加工流程及标准图示**　苦瓜剖开去瓤洗净即可使用。

(a)苦瓜　　　　　　　　　(b)去瓤后的苦瓜

❸ **冬瓜初加工流程及标准图示**　先要去表皮,再去掉内瓤,洗净即可使用。

(a)冬瓜　　　　　(b)去皮去瓤后的冬瓜　　　　(c)清洗后的冬瓜

❹ **番茄初加工流程及标准图示**　先用刀在表皮划上十字刀口(浅痕迹),再用开水冲泡至皮肉分开,撕下表皮即可。

 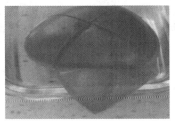 

(a)番茄　　　　　　(b)烫皮中的番茄　　　　　(c)去皮后的番茄

(四)豆荚类蔬菜初加工

豆荚类蔬菜初加工一般按品种不同采取去尖、去蒂、去筋和取籽粒的方法,清洗后达到使用要求。

❶ **新鲜毛豆初加工流程及标准图示** 新鲜毛豆剪去头尾,剥开豆荚取米即为豆米,洗净即可。

(a)新鲜毛豆　　　　　(b)去尖去蒂的毛豆　　　　　(c)豆米

❷ **豇豆初加工流程及标准图示** 新鲜豇豆初加工时首先检查有无虫害,再去头尾,用手掰成2寸长的段洗净即可。

(a)豇豆　　　　　(b)去尖去蒂的豇豆　　　　　(c)清理好的豇豆

❸ **豌豆初加工流程及标准图示(同蚕豆)** 新鲜豌豆剥去豆荚取米,洗净即可。

(a)带荚豌豆　　　　　(b)去荚的豌豆　　　　　(c)豌豆米

❹ **四季豆初加工流程及标准图示** 新鲜四季豆初加工需先去豆荚表面的筋络,再掰开成两段洗净即可。

（五）食用菌类初加工

食用菌类初加工的主要内容为清除掉附着在食用菌表面的杂质和影响食用口感的根部,保留食用菌的优质部位。

(a)四季豆

(b)去尖去蒂去筋的四季豆

❶ **鲜冬菇初加工流程及标准图示**　新鲜冬菇初加工只需去蒂,洗净即可使用。

(a)鲜冬菇

(b)去蒂中的冬菇

(c)清洗后的冬菇

❷ **平菇初加工流程及标准图示**　新鲜平菇初加工只需去掉根部,再撕成片状洗净即可。

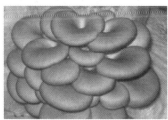
(a)平菇

(b)清理后的平菇

❸ **金针菇初加工流程及标准图示**　新鲜金针菇初加工如图所示,先去掉根部,其余部位洗净即可。

(a)金针菇

(b)清理后的金针菇

三、植物性烹饪原料初加工技能训练方法

❶ **观察法训练**　将学生按每组3～5人的方式分组,组织安排到农贸市场、食堂初加工区域、团餐加工中心去观察不同蔬菜初加工现状,并写出观察报告,同时按要求查阅相关资料,完成课后习题。要求完成2～3次。校内观察老师示范课程1次。

❷ **参与实践法** 组织学生到大型团餐企业实地参与 1~2 次食材初加工工作,注重按加工标准独立完成,并写出实训报告,谈一下综合感受。

扫码看答案

任务检验

一、填空题

1. 烹饪原料初加工主要分为_____和_____。
2. 按植物性原料自然属性,一般可分为_____、_____、_____、_____、_____。
3. 山药初加工需先_____再_____。

二、选择题(多选)

1. 为防止植物性烹饪原料初加工过程中发生颜色变化,以下哪些原料在去皮后需放入水中保存?
   A. 土豆　　　　　B. 莲藕　　　　　C. 黄瓜　　　　　D. 萝卜
2. 为充分体现原料鲜嫩口感,下列哪些原料在初加工过程中需采取去筋工序?
   A. 豇豆　　　　　B. 西芹　　　　　C. 四季豆　　　　D. 苦瓜

三、简答题

植物性烹饪原料去皮方式有哪些?请举例说明。

任务二　常见家畜原料的初加工

任务目标

1. 掌握猪带皮五花肉的初加工。
2. 掌握猪蹄初加工。
3. 掌握新鲜猪肚(猪肠)初加工。
4. 掌握新鲜猪腰初加工。
5. 掌握新鲜猪舌初加工。

任务导入

家畜原料的初加工,是烹饪专业的基础学习任务之一。家畜的前期宰杀整理基本由国家指定的专门机构处理,市场提供给餐饮业的家畜基本上为分割品,即猪精瘦肉、带皮五花肉、排骨、里脊肉、腿肉、猪腰、猪肝、猪肚、猪蹄等。我们对家畜部分分割品的初加工为深加工,这些分割品中有不符合菜肴出品要求的毛囊、淤血、外皮、油脂、腥膻异味物等,初加工中定要一一清理掉,才能更好地满足菜肴出品质量的需求。下面我们共同来学习家畜原料的初加工,提高对家畜原料的处理能力。

案例一 一道色泽红亮,质感软糯,口味咸鲜香浓的红焖爪方,往往很受食客喜爱,A餐厅因未严格执行猪蹄初加工流程,在处理猪蹄表皮毛及毛囊时省略掉火烧环节,致使加工成熟的爪方有异味,导致食客退菜。

案例二 李先生到某餐厅进餐,点了一道粉蒸肉,出品的粉蒸肉色泽红亮,米粉饱满,香味十足,待李先生品味时,发现有块肉表皮上有一根可视的猪毛,顿感无食欲,叫来服务员要求退菜,本是非常高兴的一次聚餐,因为一根猪毛扫兴而归。

以上问题在家畜菜肴制作中经常出现,究其原因一般有如下几种:其一是不熟知家畜原料的特性,猪皮表面有较强的腥膻异味,只有在高温下(焯水、火烧)才会有效清除;其二是猪皮表面的毛囊通过火烧方式可以快速并彻底清除;其三是猪内脏的腥臊味部位只有使用刀具才能有效清除。

任务实施

一、家畜原料初加工概念

家畜原料初加工是指通过不同加工技法清理掉不符合菜肴出品要求的部位。家畜原料的初加工直接对菜肴的色香味形发生影响,如果处理不好,会直接导致菜肴出品不达标。

二、家畜原料初加工分类

按国家食品安全法的要求,家畜屠宰一律采取集中统一的方式进行。目前市场提供的家畜原料一般都是分割料。餐饮厨房完全可以根据菜肴实际需求进行采购,所以目前厨房对家畜分割料的初加工分为带皮家畜原料初加工和家畜内脏初加工。

(一)带皮家畜原料初加工

餐饮一线最常见的带皮家畜原料主要为带皮五花肉、猪蹄、猪尾、蹄髈等,主要采取刮、烧、烙等技法清除掉表皮的余毛、毛囊和油脂,彻底清除可能产生异感和异味的元素。

❶ **带皮猪五花肉初加工流程及标准图示** 用火烙的方法,烙去表皮的硬毛和部分油脂,再用温水浸泡回软后刮洗干净即可。

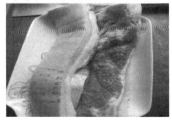  

(a)猪带皮五花肉　　　　　　(b)铁锅烙毛　　　　　　(c)清理后的五花肉

猪蹄

❷ **猪蹄初加工流程** 先将猪蹄置于明火上烧尽表面的毛,直至表皮发黑(碳化)为止。然后将猪蹄置于热水中,浸泡 10 分钟左右捞出,再用钢丝球擦去发黑部分,直到见白。

(二)家畜内脏初加工

家畜内脏初加工常被认为是厨房加工的一道难题,若处理不当,则会残留较大腥臭味和油腻味,致使菜品达不到出品要求。一般采取搓揉、烫制、刮洗、冲漂等方法。猪内脏的初加工方法如下。

❶ **猪肚的初加工流程及标准图示** 新鲜猪肚经过加醋、食用碱、料酒搓揉后,洗净污垢,放入冷水锅中,缓缓加热至水沸时捞起,再用刀刮去猪肚表面的黏液和幽门处的黄衣,将猪肚剖开去掉内侧的油脂即可。

(a)新鲜猪肚

(b)处理中的猪肚

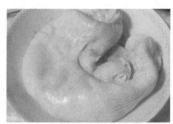
(c)清理后的猪肚

❷ **猪舌初加工流程及标准图示** 新鲜猪舌洗净后入冷水锅中加热,直至用手指能刮下猪舌表皮为度,捞起用刀或刨刀刮去表皮即可。

(a)猪舌

(b)烫制工艺

(c)去包膜手法

❸ **猪腰初加工流程及标准图示** 先撕掉外膜,再用刀将猪腰平片开,使其一分为二,片除掉中间白色的腰臊,洗净后用花椒水略浸即可。

(a)猪腰

(b)撕去猪腰外膜

(c)去腰白猪腰

❹ **猪肺初加工流程及标准图示** 新鲜猪肺初加工如图所示,先将猪肺气门对准水龙头注入清水,边注水边拍打,使清水能注入猪肺中,灌满后放置盆中,用双手拍打,直至将水拍出,如此反复 3 次,见猪肺外表发白即可。

   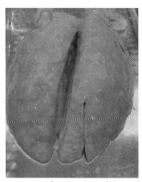

(a) 新鲜猪肺　　　　　(b) 冲洗中的猪肺　　　　　(c) 清理后的猪肺

三、家畜原料初加工的训练方法

❶ **观察法** 家畜原料初加工的技法训练,一般采取教师现场演示,学生观看,分组练习的传授方式。要求学生仔细观察,小组讨论,在相互监督下实现小组练习,并按要求完成实训报告。

❷ **参与实践法** 要求学生利用假期或实习机会,进一步强化家畜原料初加工技能练习,通过网上课程实施评价。

▶ 任务检验

一、填空题

1. 常见家畜原料初加工主要分为＿＿＿＿＿和＿＿＿＿＿。
2. 家畜带皮原料去毛囊的方式主要有＿＿＿＿＿、＿＿＿＿＿、＿＿＿＿＿等。
3. 家畜内脏初加工中,＿＿＿＿＿肺是需要用水冲洗治净的。

二、选择题(多选)

1. 为最大限度降低家畜原料的腥膻臭味,下列哪些原料需沸水烫制?(　　)
   A. 猪肚　　　B. 猪肝　　　C. 猪腰　　　D. 猪舌
2. 为充分体现原料鲜嫩口感,下列哪些原料在初加工过程中需采取保护工序?
(　　)
   A. 猪肠　　　B. 猪腰　　　C. 猪肝　　　D. 猪蹄

三、简答题

经高温烧过的猪皮在后期的菜肴制作中体现哪些优点?请举例说明。

扫码看答案

任务三 常见家禽原料的初加工

任务目标

1. 掌握白条鸡初加工方法。
2. 掌握鸡鸭下脚料初加工方法。
3. 熟悉白条鸭初加工方法。
4. 掌握鸡翅初加工方法。
5. 熟悉鸡胗初加工方法。
6. 掌握鸡爪初加工方法。

任务导入

家禽制作的菜肴特别鲜美,如瓦罐鸡汤、白斩鸡、板栗烧仔鸡、酱板鸭等。民间传统习俗中,逢年过节都有杀鸡炖汤的做法。其中杀鸡技能好坏也会直接影响到成菜的质量效果。目前家禽宰杀由专门加工机构完成,市场提供给餐饮行业的一般都是宰杀好并符合卫生安全的白条鸡或鸭,或是整理好的分割料,只有将家禽原料中影响菜肴质量标准的因素清除掉,才可为菜肴质量保证打下良好基础。下面让我们共同来学习常见家禽原料的初加工,提高对家禽原料的处理能力。

案例一 在张先生婚宴中,上了一道清炖全鸡,这道口味鲜美、油亮光滑、胸脯饱满的汤品,代表喜庆十全十美的寓意,而在食客品味这道菜时,发现外表很好的菜品,出现了异味,究其原因,发现白条鸡在初加工处理时,未将鸡屁股及内脏处理干净,导致异味很重。

案例二 蒜香鸡翅是道外酥内嫩、回味蒜香、出品色泽诱人的美味菜肴,一般情况下的点单率很高,这天服务员接到顾客投诉,反映鸡翅两头的分割区发现黑点,要求退菜。厨师长接到退菜的实物后也接受这个事实。经分析发现是鸡翅初加工处理时未将鸡翅中所带的血水清理干净,鸡翅在油炸时高温挤压出血水,导致外露骨表面出现黑色。

餐饮一线对家禽进行初加工时常出现一些非常低级的问题,主要表现为家禽菜品出现腥臊味(法氏囊未处理)、出现异物(食囊、气管、肺叶未治净)、色泽不佳(鸡肉和鸡骨中的血水未治净)等。这些问题的出现集中说明加工者对家禽特性及初加工方法不熟悉。

一、家禽原料初加工的概念

家禽原料初加工主要指对影响家禽菜肴质量效果的部位实施清理的加工过程。初加工主要内容为清理家禽原料中残留的表皮羽毛、鸡骨中的淤血和不可食用部位。

二、家禽原料初加工的分类

目前市场上为餐饮行业提供的家禽基本为冰鲜产品,常见的分为整件(整鸡或整鸭)和分割件(鸡腿、鸡翅、鸡爪、鸡胗、鸡腰),所以家禽原料的初加工分为整件家禽初加工和家禽分割件初加工。

(一)整件家禽初加工

按菜肴制作的质量要求,采取夹取、火烧、挖等技法,对整件家禽原料不符合要求的部位进行初加工处理。如整鸡体表的残留羽毛,腹腔中的肺叶,肛门残留,爪尖和嘴尖等部位。

❶ **白条鸡初加工流程及标准图示**　首先用刀卸下鸡爪,再在右侧鸡翅上侧颈部处划上竖口,取出嗉囊,再从鸡尾处下刀沿脊骨将鸡剖半,取出内脏洗净即可。

知识链接

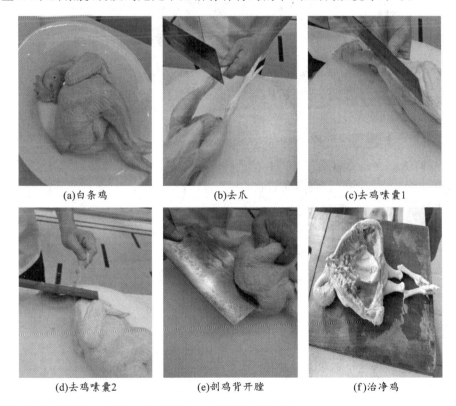

(a)白条鸡　　(b)去爪　　(c)去鸡嗉囊1

(d)去鸡嗉囊2　　(e)剖鸡背开膛　　(f)治净鸡

❷ **白条鸭初加工流程及标准图示**　同白条鸡初加工。

（二）家禽分割件初加工

常见家禽分割件的初加工,一般运用火烧、浸漂、剔骨等技法。

❶ **鸡翅初加工流程及标准**　鸡翅在加工前一定要用清水冲洗,目的是将鸡翅骨内的血水冲出,使加工后鸡翅色泽美观。

❷ **鸡爪初加工流程及标准(同鸡翅)**　先去掉爪尖,再洗净即可。

❸ **鸡胗初加工流程及标准图示**　需先用刀去掉白色外筋,再将鸡胗分割成小瓣即可。

标准鸡翅

标准鸡爪

(a)鸡胗

(b)鸡胗去皮

三、家禽原料初加工训练方法

❶ **观察法**　家禽原料初加工的技法训练,一般采取教师现场演示,学生观看,再分组练习的传授方式。要求学生仔细观察,小组讨论,在相互监督下实现小组练习,并要求完成实训报告。

❷ **参与实践法**　要求学生利用假期或实习机会,再进一步强化家畜原料初加工技能练习,通过网上课程实施评价。

任务检验

一、填空题

1. 常见家禽原料初加工主要分为_____和_____。
2. 家禽表皮去毛囊的方式主要有_____、_____等。

二、选择题(多选)

为确保家禽原料的鲜美,光鸡(鸭)进行初加工时,需注意哪些部位的清除?(　　)
A. 气管　　　　B. 肺叶　　　　C. 鸡肉　　　　D. 法氏囊

三、简答题

在整件家禽初加工中,为什么需将家禽屁股内的法氏囊去掉?

任务四 常见水产原料的初加工

任务目标

1. 掌握有鳞鱼初加工方法。
2. 掌握无鳞鱼初加工方法。
3. 熟悉鳝鱼初加工方法。
4. 熟悉甲鱼初加工方法。
5. 掌握虾初加工方法。

任务导入

湖北素有千湖之省、鱼米之乡的美誉,丰富多彩的水产品可加工出色香味齐全的菜肴,很令食客垂涎,其中很多都是荆楚名菜,如粉蒸鲴鱼、黄焖甲鱼、红烧划水、五彩鱼丝等。大江大湖中的水产品由于品种繁多,特点各异,其初加工的方法也表现出较大差别,为确保菜肴出品的质量需求,我们共同来学习水产原料初加工方法,提高水产原料初加工能力。

> **案例一** 红烧鱼块是道湖北地方传统名菜,其质感细嫩,咸香十足,鲜香突出的成菜特点,让人百吃不厌。一次游玩江滩用午餐时,就点了这道菜肴,在品尝时突感细嫩的鱼肉带有很重的苦味。后来服务员前来道歉,说是厨师初加工中把鱼胆弄破了,故鱼肉带有苦味。
>
> **案例二** 清炖甲鱼汤是道品位十足的地方名菜,其汤清味鲜、肉质酥烂的成菜特点很受人们欢迎。一次到一位朋友家做客就做了甲鱼这道汤菜,出品时朋友要求笔者做出评价,在没有品尝前提下,只是用筷子揭开甲鱼盖,在看见甲鱼肌间脂肪未处理干净时,只说了一句,这个甲鱼汤肯定有十足的腥味,于是乎大家一起品尝汤汁,最后应验了笔者的说法。这是为什么呢?

任务实施

一、常见水产原料初加工的概念

水产品初加工是指利用刀、剪、刮刀等工具和一定的加工技法,将水产品中不适合菜肴质量标准的部位予以清除的过程。主要为外壳、外皮、鱼鳞、鱼鳃、内脏、鱼鳍、腹腔黑衣等。

二、常见水产原料初加工的分类

按水产品的商业属性,可将水产原料分为活水产品、鲜水产品(含冷冻品和冰鲜品)、水产加工品(按加工方法分为水产腌制品和水产干制品,包括淡干品、盐干品、熟干品)。常见水产原料的初加工分为活水产原料初加工、鲜水产原料初加工以及水产加工品初加工。

三、活水产原料初加工

常见活水产品主要包括有鳞鱼、无鳞鱼、爬行类两栖动物、甲壳动物等,初加工的内容主要为去掉不符合菜肴质量标准的部位。

❶ **草鱼初加工流程及标准图示**　活草鱼初加工时先用刀背敲击鱼头,再用鱼刮刮去鱼鳞,用刀跟或刀尖去掉鱼鳃,剖开鱼肚或鱼背,取出内脏,刮去内腹黑衣,洗净即可。

(a)草鱼

(b)刮鳞、去鳃、去内脏、治净草鱼

❷ **黄颡鱼初加工流程及标准图示**　先用右手指抓住鱼嘴,左手手指掐住鱼鳃下方,双手发力撕开至看见鱼肚,去掉内脏洗净即可。

(a)黄颡鱼

(b)去内脏过程

(c)治净黄颡鱼

❸ **武昌鱼初加工流程及标准图示**　武昌鱼初加工如图所示,先用刀拍打鱼头至鱼昏迷,再用刀刃刮去鱼鳞,用刀跟或刀尖去掉鱼鳃,剖开鱼肚,取出内脏并刮去腹腔黑衣洗净即可。

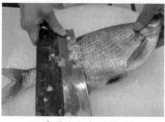
(a)武昌鱼初加工过程1

(b)武昌鱼初加工过程2

(c)武昌鱼初加工过程3

(d)治净武昌鱼

❹ **鳝鱼初加工流程及标准图示** 鳝鱼的宰杀加工方法有生处理和熟处理两种。

（1）生处理：将鳝鱼放置于砧板上，头朝右上方，尾朝左下方。右手持利刀，先将鳝鱼头颈背处斩一刀，但不要斩断，此时鳝鱼整体僵直，右手持刀顺势在鳝鱼腹部平刀从头部拉向尾部，将其腹部划开（注意切忌下刀太重，否则，鳝鱼的血液会立即流出体外，致使砧板上染上许多鳝鱼血污，影响下一步的加工），然后在水中取出内脏，洗净，直接改刀即可加工成鳝段或鱼桥。

如果要加工成鳝丝或鳝片，则需将鳝鱼的三角形脊骨取下。其操作方法：将杀好的鳝鱼，腹部朝上，头朝外，刀尖斜进三角脊骨一侧，用刀铡下使骨肉分开，顺刀至鳝尾肛门处后，用左手抓住鳝鱼头部，右手持刀按住鳝尾，左手用力向后拉，使脊骨发出响声为度，再持刀在鳝鱼头后2 cm处轻轻斩一刀，使脊骨断裂，刀侧片向推至鳝尾使骨头与肉彻底分开，从而取下鳝鱼肉，即完成。这样取下的肉，可用于进一步加工鳝丝或鳝片。

（2）熟处理：将鳝鱼放置于冷水锅中，盖上锅盖，加热煮至鳝鱼嘴张开，捞起冲凉，用竹刀或塑料片刀将鳝鱼肉划下。这样取出的肉，可制"宁式鳝糊"或"梁溪脆鳝"。

❺ **鮰鱼初加工流程及标准图示** 鮰鱼属于无鳞鱼类，其初加工方法可查看前文知识链接。

❻ **甲鱼初加工流程及标准图示**

（1）宰杀：甲鱼仰面置于砧板上，待头伸出，即用左手抓住，右手用刀将其颈根部割断，并倒立放尽血即可。

鮰鱼

（2）去表膜：宰杀后的甲鱼放置于盛有足量冷水的锅中，缓慢加热至微沸后捞出，用钢丝球擦去表面的黑衣和黑膜。注意甲鱼在水中加热时火力不能太大，时间也不能太长，只要黑膜能够刮下即可；甲鱼也不能沸水下锅，因为甲鱼裙边富含胶原蛋白，突遇高温会急剧变性而使裙边卷曲或爆裂，影响烹调时菜肴的美观。

（3）去内脏：用刀将甲鱼背壳打开，取出内脏，去掉腹腔内四肢根部的黄油，用清水冲洗干净即可。

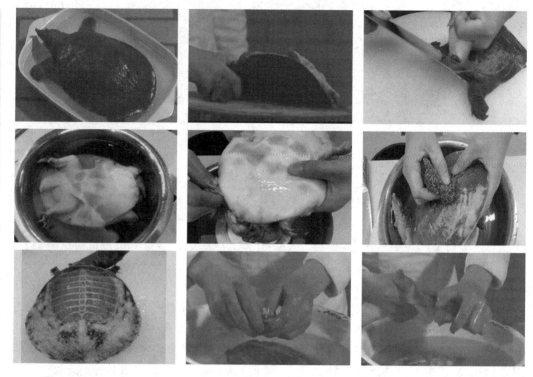

⑦ **河蟹初加工流程** 河蟹的钳上有不同程度的毛状物,常带有泥土或细菌,需要在清水中刷洗干净。如果是用于蒸的还要将其捆绑起来,如"清蒸大闸蟹"。用于炒制的,则直接剁块(带壳),如"大炒毛蟹"等。如果是用于取蟹粉(蟹肉和蟹黄的统称),则将其蒸熟。取腹肉方法:用刀将蟹壳撬开,把蟹体内呈六角形的胃去除,然后把肉与蟹黄剜出即可;取腿肉方法:先将蟹腿掰下,然后用剪刀将其每一关节的两头剪掉,再用擀面杖顺着蟹腿的一头往前滚,腿肉即可被压出。

⑧ **海带子初加工流程及标准图示** 首先,用刀剖开海带子壳,然后去掉贝肉以外的部分,最后洗净即可。

 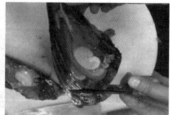 

⑨ **海蟹初加工流程及标准图示** 同河蟹初加工。

 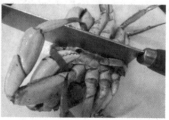 

⑩ **河虾初加工流程及标准图示** 在烹调中,对于河虾一般只取用虾仁。剥取虾仁的操作方法:两手抓住虾的头和尾,腹部向上,两手向虾腹中间用力挤压,使其爆裂,虾仁即出。洗涤时,放入水中,用筷子搅打去其虾线(虾仁背部的黑线,有腥味)即可。

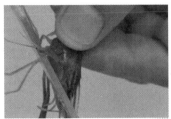

四、冰鲜水产原料初加工

冰鲜水产原料主要为经过冷冻保鲜的水产品,常见的有带鱼、黄鱼、剥皮鱼、大虾、蟹等,初加工内容基本上与新鲜水产一致,主要为去掉不符合菜肴质量标准的部分。如:冰鲜带鱼的背鳍和内脏,冰鲜蟹的鳃等。

五、水产原料初加工训练方法

❶ **观察法** 水产原料初加工的技法训练,一般采取教师现场演示和视频观看相结合的学习形式,学生看后再分组实施练习。要求学生必须仔细观察,小组讨论,在相互监督下实现小组练习,并按要求完成实训报告。

❷ **参与实践法** 要求学生利用假期或实习机会,进入企业一线进一步强化对水产原料初加工技能的练习,通过网上课程实施评价。

> **任务检验**

一、填空题

1. 常见水产原料初加工主要分为_____、_____和_____。
2. 活草鱼初加工的内容包括_____、_____、_____、_____、_____。

二、简答题

1. 在处理有鳞鱼内脏时,定要小心不要弄破鱼胆,为什么?
2. 甲鱼初加工时需将体内的黄油去掉,为什么?

扫码看答案

任务五　常见烹饪干货原料初加工

任务目标

1. 掌握水发的基本方法。
2. 了解油发的基本方法。
3. 了解碱发的基本方法。

任务导入

烹饪原料中除了活鲜原料外，还有一类便于储藏、运输的干货原料，这些风味独特的干货原料是烹饪原料中非常重要的一类，具有较强的地域特点，部分还极其珍贵。如干鲍鱼、干海参、干花菇、干菌等。这些干货原料往往不能直接用于烹调，需经过涨发使其风味、质感、水分等尽量恢复到新鲜状态后才能达到烹制成菜的要求，这种涨发的技术要求极高，如掌握不到位则会严重影响菜肴出品质量，为确保菜肴出品的质量符合要求，我们共同来学习干货原料初加工方法，提高干货原料初加工能力。

案例一　小冯从学校毕业后，一直在厨房上什岗位工作，主要是涨发部分高档干货原料，如鲍鱼等。一次有位客户从外地带回一斤大乌参，要小冯代加工，小冯看看就答应了，等他拿到这种海参时发现跟平时涨发的刺参不一样，但觉得都是海参，估计涨发方法是一样的，于是就按涨发刺参的涨发工艺进行处理，哪知道等大乌参发好后，发现表皮上附有一层黑黑的东西，既有异味又有苦涩味，完全无法正常食用。

案例二　耗油小花菇是素食爱好者非常喜欢的一道菜肴，处理好的小花菇口感柔软肥美，菌香味十足。其关键点在于小花菇的涨发技艺，很多年轻厨师由于未深入了解花菇的涨发技巧，往往会导致其口感干韧、淡而无味。有次小王在主理这道菜时，将小花菇用温水涨发后直接进行烹调，虽然出品外观明油亮芡很漂亮，但还是被客人退了回来，原因是没有小花菇充足的香味与口感。

任务实施

一、干货原料涨发的概念

干货原料的涨发就是利用烹饪原料的物理性质，进行复水和膨化加工，使其重新吸水后，基本上恢复原来的状态，更利于菜肴制作和食用消化的过程。

二、干货原料涨发方法的分类

干货原料的取材覆盖面较广,动、植物性原料都可选用,主要采取将原料中的水分尽量控干,维持较长时间的保质期。原料组织结构的松与密,蛋白质含量的多与少以及原料的酸碱度,决定着干货原料的涨发方法。长期实践总结出干货原料涨发分为水发、油发和碱发三种典型的复原方法。

❶ **水发**　以水为介质,将冲洗、摘除处理干净后的干货原料,直接投入到水中,利用水的浸润作用,使其慢慢吸水回软,最大限度地恢复到新鲜时状态。可采取冷水、温水和沸水涨发的方法复原植物性干货原料。

(1) 冷水发:把干货原料放入冷水中,经过浸泡,使其自然吸收水分,慢慢恢复其新鲜时松软的状态,如发木耳、冻粉等。其特点是涨发率高、高弹性、耐储藏。

(2) 温水发:把干货原料放在温水中浸泡,促使原料加速吸收水分,成为松、软、嫩、滑的半成品。口蘑、香菇等必须用此法涨发,这样才能保持口蘑、香菇特有的菌香味。

(3) 沸水发:选择适宜的干货,用98 ℃以上的沸水涨发。这种发料方法根据原料不同又分为蒸发和煮发两种。一般来讲小型且质感较为松散的干货原料适合蒸发,如干虾米。而形体较大且质感较为致密的干货原料适合煮发,如竹笋、干贝等。

❷ **油发**　以植物油为介质,将动物性干货原料置于油中,借助油温的迅速变化使干货原料内水分蒸发而达膨松状态,再复水涨发回软的过程。油发一般适用于胶质丰富、结缔组织多的干货原料,如蹄筋、干肉皮、鱼肚等。

❸ **碱发**　以碱液为介质,将事先在冷水中浸泡回软的干货原料投放入一定比例的碱液中浸泡适当时间,使干货原料重新吸收水分而涨发回软,再放入清水中冲洗,逐步清除体内碱质和腥膻气味、恢复新鲜状态的加工方法。碱发一般适用于蛋白质含量较高的干货原料,如干鱿鱼、干墨鱼等。

三、干货原料涨发的训练方法

干货原料的涨发,最常用的方法有水发、油发、碱发三种。下面就对这三种常用的方法进行训练。

(一) 水发技法训练

水发一般适用于植物性干货原料或小型的动物性干货原料。在涨发的时候,要根据具体的原料,来确定所选用的涨发方法。

练习方法:选择有代表性的干货原料,比如干香菇、黑木耳等,让学生自己动手涨发。试分别用冷水发与温水发,看涨发后的效果,从涨发的时间、涨发后的软硬程度、涨发后原料的香味等方面来比较,并写出书面的实验报告。待原料完全涨发透后,即可用于烹调。

一般情况下,水与干货原料的比例为5∶1。

(二) 油发技法训练

❶ **准备阶段**

①将彻底风干或晒干的干货原料(原料内必须含有较多的胶原蛋白,比如鱼肚)表

常见干货原料的涨发实例

面处理干净。

②准备一把测温勺或一支测温筷。

③准备一口装有较多油的锅。

② 练习阶段

①将油温加热至80 ℃左右。

②将干货原料投入油锅中,并不断搅动。待观察到原料有收缩,并且表面有小气泡产生的时候离火,静置15~20分钟。

③上火缓慢加热油温至120 ℃时,鱼肚开始膨松涨发。到油温150 ℃时,保持油温不变,直至鱼肚透明,且整体可掰脆裂时即可。

④将油发好的鱼肚放入温水中吸水泡发至回软,再用白醋漂洗至原料表面发白即可。

(三)碱发技法训练

① 准备阶段

①取表面干燥且形态完整的鱿鱼或墨鱼。

②将鱿鱼或墨鱼清水浸泡回软。

③兑制碱发水溶液。

A. 生碱水:水10千克、碱水500克。

B. 熟碱水:开水9千克、碱面350克、石灰200克调配均匀,沉淀后取上层清液。

C. 火碱水:水10千克、火碱350克。

以上三种碱发水溶液以熟碱水的涨发效果最佳。

② 训练阶段 将鱿鱼或墨鱼分别投入以上三种溶液中,浸泡4~6小时取出,再用清水冲洗1~2小时即可使用。注意,在用碱水涨发干货原料的时候,要经常检查其涨发的程度,以免涨发过头,而发生原料被腐蚀的现象。同时,碱液应该尽量用陶瓷器皿盛装。

→ **任务检验**

一、填空题

1. 常见干货原料涨发方法分为＿＿＿＿、＿＿＿＿和＿＿＿＿。

2. 适合油发的干货原料主要有＿＿＿＿、＿＿＿＿、＿＿＿＿。

二、简答题

1. 干鱿鱼为什么需要碱发?

2. 请说明干海参涨发的工艺流程。

扫码看答案

烹饪原料异味的处理方法

第四部分

勺工及调味技能

项目十一

勺工的基本技能训练

项目描述

勺工是菜肴制作过程炉(灶)台工艺中较为重要的基本功之一。勺工技能水平的高低直接影响着菜肴出品质量的优劣,高超的勺工技能水平可以弥补烹调前部分环节的不足,勺工技能水平低下会削弱烹调前部分环节的优点。

勺工技能训练是针对菜肴制作过程炉(灶)台工艺的勺工技能,有计划、分步骤、明确要领、由浅入深、循序渐进地对学生进行有效适度的训练,使学员能够比较轻松地掌握好勺工技能。从用具的了解、握勺手法、勺工站姿、翻勺技能训练、菜肴出勺的装盘方法、翻勺检测标准等方面开展教学。本项目内容既考虑了学生身体的适应情况,同时也考虑了学生后期职业发展中的自我提高。

项目目标

1. 了解勺工常用的用具及设备。
2. 养成规范的勺工站姿习惯。
3. 掌握翻勺技法。
4. 掌握出勺后菜肴装盘方法。
5. 达到翻勺检测标准。

任务一 握勺方法

→ 任务目标

1. 了解勺工练习时所用的用具及设备。
2. 掌握握勺手法。

→ 任务导入

对于一名烹饪初学者来讲,勺工是菜肴制作过程炉(灶)台工艺中一项最为重要的基本功之一。在勺工技术运用过程中常用的用具及设备与家庭所使用的用具及设备在大小、重量、开关位置等方面有一定的区别,需要初学者学习掌握。

我们在勺工练习和临灶烹调运勺时,所使用的用具基本一致,设备可以有所不同。

> **案例一** 小李高中毕业,由于家庭负担较重,于是放弃读大学的机会决定去打工,他应聘到一家餐饮企业打杂,上班初期由于没有学习过相关知识,不认识厨房用具,每次师傅要他拿码斗、密漏勺等一些他没有见过的用具时他不知道拿什么。
>
> **案例二** 小张大学毕业,很想当一名厨师,于是到一家酒楼应聘厨工,因为没有一点专业知识,刚开始什么也不会,做起事情来一点也不轻松。

当我们想在一个领域工作发展时,首先,我们需要进行系统的学习,为今后能够顺利地工作打好扎实的基础。

▶ 任务实施

一、勺工常用的用具及设备

(一)勺工练习时所用的用具及设备

❶ 炒勺(锅) 用于烹炒菜肴的炊事锅具,因南北地域的生活不同,其名称、形状、材质各有不同。北方多称为"勺""菜勺",一般是手柄式。南方多称为"锅"或"镬",一般是双耳式。在材质方面商用锅多用熟铁、不锈钢制造,也有用熟铜制造。家用锅一般多用熟铁、不锈钢、生铁、不粘材质等制造。商用双耳炒锅的直径一般为34~100 cm,家庭用炒锅直径一般在34 cm以内。

(a)熟铁手柄炒勺　　(b)生铁双耳炒锅　　(c)不锈钢双耳炒锅

(d)手柄炒勺(正面)　(e)手柄炒勺(侧面)　(f)手柄炒勺(背面)

在翻勺技巧训练的初级阶段可选用重1000 g、直径30 cm以内的炒锅,方便快速掌握翻勺的技巧和要领。在岗位技能训练时需选用重 1600 g 以上直径 34 cm 的商用炒锅进行训练。

❷ **手勺** 也称"马勺"。在临灶烹调中配合炒勺共同使用，是专业烹调人员必不可少的烹调器具之一。手勺按照铸造材料一般有不锈钢手勺、熟铁手勺、熟铜手勺。

它在烹调过程中有着重要的作用，比如投味、投料、翻搅炒勺中的烹调原料以及把烹调成熟的菜肴盛入盘中。手勺的大小一般根据其容量来划分，较常见的有 750 mL、500 mL、350 mL 三种规格。

从其构成来看有木柄式和整体式（材料一致）。

(a)不锈钢手勺

(b)熟铁手勺

(c)熟铜手勺

❸ **模拟食材**

（1）小翻勺和晃勺的材料：用于练习小翻勺和晃勺的材料直径一般在 5~10 mm，用量在 350~1500 g 为宜。如干玉米粒、干蚕豆、塑料颗粒(球)等。

（2）大翻勺和晃勺的材料：用于练习大翻勺和晃勺的材料一般为直径在 200~250 mm 的圆片软胶，其厚 5~7 mm，用量在 350~750 g 为宜。如圆形软玻璃、沙包等。

(a)干玉米粒

(b)塑料颗粒(球)

(c)沙包

❹ **灶具** 燃气灶、电炒灶(电磁灶)。

商用燃气灶的内径一般为 30 cm，商用电炒灶一般为 40 cm。

(a)商用燃气灶

(b)商用燃气灶（单灶）

商用电炒灶（双炉头、单炉头）

二、翻勺的准备及握勺手法

（一）翻勺前的准备工作

❶ **抹布的选用** 干净的大小合适、含水量适中的方形或长方形抹布，一般以吸水保水性较好且耐火的材质为宜，如全棉制品。

(a)方形抹布　　　　　　　　(b)长方形抹布

❷ **抹布的折叠方法及握法** 因南北的锅具不同，其操作习惯各异。一般常用的折叠方法有长条形折叠法、收角式折叠法、大折握法。

（1）长条形折叠法：一般选用 20～25 cm 的小方巾，先折成长条再折出包锅的折面。主要用于端拿双耳炒锅。

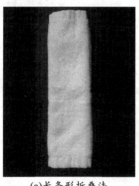  

(a)长条形折叠法　　(b)长条形折叠法的握法（侧面）　　(c)长条形折叠法的握法（背面）

（2）收角式折叠法：一般选用稍大一点的毛巾，先包裹拇指，再将其余部分摊平于手掌，收齐边角，剩余大小与手掌一致，保持掌心中空没有太多的抹布。主要用于端拿双耳炒锅。

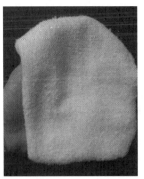 

(a)收角式折叠法（正面）　　(b)收角式折叠法（背面）

（3）大折握法：一般选用较大的毛巾，将毛巾折叠成与手掌一致的长方形。主要用于端拿手柄炒勺。

(a)大折握法（正面）　　(b)大折握法（背面）

（二）握勺手法

1 持锅手法　不同的抹布折叠方法，抹布的大小有所不同，其所适用的锅具有所不同，其持锅方式略有差异。

（1）双耳炒锅：持锅时大拇指握紧耳角，其余四指微弓，托住锅的锅壁。抹布的各种折叠方法均适用。

(a)双耳炒锅的持锅（正面）　　(b)双耳炒锅的持锅（侧面）

（2）手柄炒勺：持锅时主要握紧手柄部分，手心朝一侧斜上方，大拇指置锅柄上面，其余四指自然弓起，手掌与水平面约呈140°夹角，有利于握住锅柄操作。其握持的面积稍大，抹布的折叠方法主要以大折握法、收角式折叠法为宜。有的手柄炒勺因镶有木制手柄，有的操作人员直接持柄操作。

❷ **握手勺的手法** 手背与勺背在同一平面上，食指前伸，指腹抵住勺杆背侧，大拇指伸直，其余四指弯曲合力握住勺柄后端，手勺柄的末端顶住小鱼际。

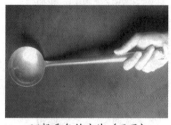
(a)握手勺的方法（正面）

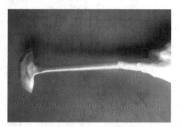
(b)握手勺的方法（背面）

❸ **翻锅(勺)时的受压点、发力点** 在进行翻锅操作时存在着发力点和受压点，这两点力量及耐受力的强弱直接影响着操作者翻锅水平的高低。我们在身体的力量训练过程中需要对这两个部位进行加强训练才能保证更好地适应毕业后的岗位工作需要。

（1）受压点：五指的指尖是受压点，五指指尖所能承受的受压力和耐受力直接决定翻锅的持续时间和动作的协调性，所能承受的受压力和耐受力越大翻锅的持续时间就越长，动作的协调性也越好，动作更舒展、优美，特别是在双耳炒锅的操作中尤为重要。

（2）发力点：在进行翻锅操作时，手腕是动作的发力点。手腕的爆发力的大小直接决定翻锅过程中原材料在锅中翻转的幅度与抛起的高度。

❹ **受压点、发力点的力量训练方法** 受压点的专项训练有指卧撑、捏握力器等。发力点的专项训练为端锅练习。受压点和发力点的同步专项训练为悬翻锅。

三、针对勺工的身体各部位的训练方法及标准要求

在临灶操作时，身体是一个全身性的运动，主要的运动部位有手指、腕部、臂膀、腰部、腿部。只有将身体锻炼好了才能胜任一天的工作。

❶ **身体各部位的训练方法**

训练的部位	训练的方法
手指指尖训练	指卧撑训练、捏握力器训练
腕部及手指指尖训练	端锅练习
小臂训练	哑铃(杠铃)正(反)握腕弯举训练
大臂训练	仰卧推举训练
腰部训练	平板支撑训练
腿部训练	蛙跳训练、深蹲训练

❷ **身体各部位的训练要求及标准**

训练部位	训练方法	要求	合格标准	备注
手指指尖	指卧撑、捏握力器	动作要标准到位，握力器选用15～25 kg	指卧撑20个、捏握力器60个/分钟	男生练指卧撑效果较好

续表

训练部位	训练方法	要求	合格标准	备注
腕部	端锅练习	端锅练习,空锅或加物,悬空端锅保持手平锅正	锅具及物体总重量3000 g,端锅1分钟	练习时,大臂与小臂呈约90°夹角或锐角,小臂手腕与地面保持水平,悬空将锅端起来保持不动
腕部	正腕练习	持物翻腕练习,手持砖块等物体,手掌向上,不断向上翻折手腕	物体总重量3000 g,持续1分钟	练习时,大臂与小臂呈约90°夹角或锐角,小臂与地面保持水平
小臂	哑铃(杠铃)正(反)握腕弯举	动作要标准到位	40个	—
大臂	仰卧推举	动作要标准到位	40个	—
腰部	平板支撑	动作要标准到位	平板支撑90秒/次	—
腿部	蛙跳、深蹲	动作要标准到位	100个	—

达到训练合格的标准能够帮助大家更好地进行后面的学习,但是要很好地适应毕业后的工作还需要逐渐增加练习强度,锻炼好身体。

任务检验

一、简答题

1. 体会翻锅操作时身体的用力部位。
2. 掌握身体各部位的训练方法。
3. 探讨新的有效训练方法。

二、思考题

1. 为什么初学者会出现有力使不上的现象?
2. 对身体各部位的训练,我们主要采取哪些方法?
3. 翻锅时的受压点、发力点在哪?

任务二 勺工站姿

任务目标

1. 掌握静态站姿标准。
2. 掌握动态站姿标准。

> 任务导入

餐饮一线岗位中,炉台岗位的工作较为辛苦,一般情况下,炉台岗位上岗后的连续工作时间少者 2 小时,多者近 4 小时,在这种情况下,没有正确的站立姿势作为保障,就很容易出现腰酸、腿脚麻木、疲劳等不适状况,故正确的炉台站立姿势是做好工作的前提。

案例 小汪从事炉台工作近五年,在繁忙的工作中因不注重站立的正确姿势,出现轻微的腰肌劳损、颈椎病等现象,经常会请假看医生,严重影响岗位工作,最后不得不调离工作岗位。

> 任务实施

一、静态站姿标准

面向炉灶站立,身体与灶台保持一定的距离(约 10 cm),两脚分开与肩同宽,上身保持正直且收腹、自然含胸,双手自然打开,一般左手握炒勺(锅),右手持手勺,目光注视锅中原材料的变化。

基本站姿(侧面)

二、动态站姿标准

实际炉台操作中,翻勺动作的幅度与菜肴的种类相关,如肉末斩蛋等都需要大幅度的翻勺技法才能满足制作需求,而炒菜则只需小幅度的翻勺技法,故对站姿的要求随菜品的不同而变。总体要求是在静态站姿的基础上,强调身体各部位的协调运动,下肢离炉台 20～30 cm,确保上肢有足够的施展空间,双脚呈"八"字或"丁"字配合上肢的力量分配;上肢强调手部、腰部、颈部、头部的协调运作。

> 任务检验

一、简答题

1. 南方锅具与北方锅具的主要区别是什么?
2. 锅具的制造材质有哪几种?
3. 练习翻勺时可以使用哪些模拟食材?
4. 抹布的正确折叠方法及握法是什么?
5. 正确的持锅方式是什么?

项目十二

翻锅(勺)技能训练与检测标准

项目描述

翻锅(勺)技能是菜肴制作非常关键的技能之一,是烹饪从业人员必须掌握的一项专业技能。本项目将分成翻锅技法训练、辅助翻锅技法训练、出锅产品的装盘方法及翻锅检测标准四个任务来完成。

项目目标

1. 掌握翻锅技法。
2. 掌握辅助翻锅技法。
3. 掌握出锅产品的装盘方法。
4. 达到翻锅检测标准。

任务一 翻锅技法训练

任务目标

1. 了解翻锅基本方法及动作要领。
2. 掌握翻锅技法训练。

任务导入

在烹制不同的菜肴时,如食材形态、汤汁数量和浓度等不同,所采取的翻锅技巧则不同。翻锅时所使用的力度不同,翻锅的幅度也有不同变化。

中国烹饪博大精深、流派众多,南北方使用的锅具不同,翻锅的方式各异。作为一名优秀的厨师不仅要博采众长继承发扬中国烹饪的技术精华,同时要娴熟掌握各种操作技能,有利于我们更好地完成不同的地方菜肴制作,保证出品的质量。

> **案例一** 小张在南方做了多年的厨师,手中的江南风味菜肴制作得非常好,近期接受高薪被公司调到了北方一家餐厅工作,在没有熟悉北方厨房餐用具的情况下就上岗了。由于南北的勺工用具不同,使其炉台技艺展现很不充分,菜肴质量也未达到理想效果,自己一时也很没面子,好在炉台功底深厚,在较短时间内调整过来,保住了名声。
>
> **案例二** 小李是一名很受厨师长器重的青年厨师,平时总想上炉台炒菜。一天,机会来了。因一名炉台厨师生病,在厨师长的安排下小李顶了上去,前面几道菜较为常规,小李顺利制作出来,还有模有样,但在制作扒四宝时,由于大翻勺功底不够,菜肴出品未达到质量要求,被厨师长退回重做,这对小李打击不小。

以上两个案例都说明炉台基本功底的重要性,下面让我们一起走进今天课堂。

任务实施

一、翻锅基本方法及动作要领

（一）翻锅的基本方法

❶ **手柄锅的颠锅方法** 手握抹布,抓牢锅体的手柄,提气运力,大臂收缩带动小臂,小臂带动手腕,手腕带动锅体的整体的一系列的运动。

❷ **双耳锅的翻锅方法** 手握抹布,抓牢锅体的锅耳,提气运力,大臂收缩带动小臂,小臂带动手腕,手腕带动手指,手指带动炒锅的整体的一系列的运动。

（二）翻锅的动作要领

翻锅的主要动作包括送（推）、抛（扬）、撤（拉）、接（托）,形成一个圆形的运动闭环,在运用不同的翻锅技法时使用一个运动闭环或一个运动闭环重复循环来完成操作。

❶ **送（推）** 在原点将锅前端向下压低,锅体向前运动,在运锅的惯性作用下,将原材料送到锅的前端,此时手勺可以顺势将原材料向锅的前端推出去。

❷ **抛（扬）** 当原材料到达锅前端后,将原材料向上方抛起使原材料离开锅体向后上方运动。

❸ **撤（拉）** 当抛起原材料后,原材料在向后上方运动时,将锅体撤回到原点。

❹ **接（托）** 在原点接住原材料。

(a)送（推）

(b)抛（扬）

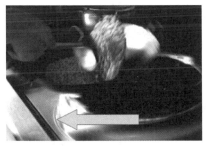
(c)撤（拉）

(d)接（托）

二、翻锅技法训练

❶ **执空锅训练** 在实训室模拟灶台前，手握空锅练习，每次握锅时间为 1 分钟，每次间隔 5 分钟。直到感觉握锅时身体各部位协调形成一个整体为止。主要目的是锻炼身体的适应性。

技术要点：站立时双脚同肩宽，腰部挺直，左手执锅手臂呈 90°左右，右手自然放下，身体自然协调，直到适应为止。

❷ **执食物锅训练** 在空锅训练完毕后，即进行第二轮执食物锅训练，在锅中加入 500～1500 g 水（或其他原料），每次执锅时间为 1 分钟，每次间隔 5 分钟。直到感觉身体各部位协调一致即可。主要目的为训练手部力量。

技术要点：站立时双脚同肩宽，腰部挺直，左手执锅手臂呈 90°左右，手腕发力，锅中水量逐渐加大，以锅中水面持续平稳不颤抖为度，右手自然放下，直到适应为止。

❸ **拖翻锅训练** 第三轮进入实锅颠簸训练，将 500 g 干玉米粒放入锅中，要求学生左手先拿抹布，再执锅体，右手执炒勺，将锅体放置于模拟灶台上，按送（推）、抛（扬）、撤（拉）、接（托）的方式进行拖翻训练。

技术要点：首先操作者要分配好力量端稳和控制好锅体，并按送（推）、抛（扬）、撤（拉）、接（托）的操作过程开展翻锅训练。翻锅时锅体呈现出一个椭圆形或圆形的运动轨迹。手勺勺口置放于锅中食物（干玉米），主要随锅中食物运动而辅助运动，目的为锅体运动中运用送（推）技法时助拨食材，将食材送至锅沿的前端，在抛（扬）时抬起手勺，在撤（拉）、接（托）时同步收回手勺到锅沿的后端，食材与手勺在同一轨迹的不同轨道上做同步运动。

> **任务检验**

1. 请你谈谈对翻锅时动作要领的体会。
2. 翻锅的主要动作要领是什么？
3. 翻锅时会产生哪些阻力？

任务二 辅助翻锅技法训练

任务目标

1. 掌握悬翻锅技法。
2. 掌握助翻锅技法。
3. 掌握旋锅技法。

任务导入

翻锅技法往往随菜肴制作过程中的不同阶段而有所变化,如炒菜时的翻炒、烧菜收芡时的晃锅、出菜时颠锅等,为尽早使用各种不同的翻锅技法,需强化各种不同翻锅技法的训练。

> **案例** 小肖毕业刚走上餐饮岗位,作为待岗人员,企业安排他在厨房做些辅助工作,有一次炉台岗师傅有事请假,考虑到他是专业学校毕业的学生,厨师长安排他顶替师傅上岗;在制作红烧鳊鱼这道菜时,前面的制作手法都很到位,但是最后将鳊鱼拖入盘中时出现问题,由于技法不熟练,始终完成不了,当时急出一身汗水,最后还是在厨师长的指导下完成了这个环节。

任务实施

一、悬翻锅技法训练

悬翻锅是以拖翻锅为基础的一种翻锅形式。悬翻锅技法训练要求每位学生真实制作一份肉末斩蛋,每人分发三枚鸡蛋、30 g 熟肉末、30 g 生粉、盐 5 g、葱花 3 g。先将蛋液和肉末以及调辅料混合搅匀,将锅上火烧好过油,留底油,将蛋液倒入,待锅底蛋液即将凝固时,按送(推)、抛(扬)、撤(拉)、接(托)的操作过程完成悬翻锅的技法,要求操作者凭借手部力量控制锅体,同时有规律地翻动锅中食材,防止锅中食物和油外溢而烫伤身体。悬翻锅一般是在特殊菜肴制作中需要具备的一种能力。主要练习手腕力量和把控锅体的能力。

二、助翻锅技法训练

助翻锅是以拖翻锅为基础的一种翻锅形式,是一种一般采取手勺协助推动原料翻转的翻锅技法。主要在原料数量较多,原料不易翻转,翻锅的幅度较小或为使芡汁均匀挂住原料时采用。要求在锅中加入 1000~1500 g 的干玉米粒,学生手执锅体在灶台上实施抖动,边抖边借助右手的炒勺不断翻动干玉米粒,使干玉米粒在锅中翻炒均匀。要求身体各部位协调一致。

三、旋锅技法训练

旋锅也称"晃锅",是通过手腕的力量将锅顺时针或逆时针进行有规律的旋转,通过锅的旋转带动菜肴在锅内沿锅边画出圆圈。晃锅可调整锅内的原料受热、汁芡、口味、着色的位置,使之均匀一致,避免原料煳底。要求每位学生在制作肉末斩蛋时将晃锅训练与悬翻锅训练结合。旋锅技法在实际菜肴制作中运用的概率较高。

旋锅

四、转锅技法训练

转锅是原材料保持不动,通过转动锅壁防止原材料粘锅或煳锅的操作技法。一般适用于烧、煎等类的菜肴。练习时,可以先练习煎蛋、煎肉饼、煎饼等品种,食材与锅具之间用适量的植物油进行润滑。

> **任务检验**
>
> 1. 不同翻锅方式的技法主要有哪些?
> 2. 旋锅与转锅有什么区别?

任务三 出锅产品的装盘方法

> **任务目标**
>
> 1. 了解装盘概念。
> 2. 掌握装盘的方法。

> **任务导入**

成熟的菜肴必须装入餐盘中才算完成菜肴制作的全部,烹制好的菜肴如何放置到餐盘中也是一门技能,这完全能体现餐饮工作者娴熟的勺工技能。

> **案例** 唐师傅是烹饪行业资深的老前辈,有一次在制作桂花干贝这道菜时,其娴熟的勺工技艺令人十分敬佩,在菜肴炒好的最后一刻,只见唐师傅熟练地将锅中食材翻动起来,用右手手勺直接将空中翻滚的食材满勺接住,而后直接放置于餐盘中,这种手法令在座的各位学员惊叹。

下面让我们一起探讨菜品的装盘技能。

> 任务实施

一、装盘的定义

装盘,也称出锅、出勺,就是指将已经烹制成熟的菜肴装入盛器中。它是整个菜肴制作过程中的最后一道工序,也是一项很重要的技术。它不仅关系到菜肴外观形态的美观,而且涉及菜肴的清洁卫生。

二、勺工中的装盘方法

❶ **摆入法** 将烹制好的菜品摆放入盛器中的装盘方法。主要适用于无汤汁易于夹出的菜品。如酥炸藕夹、红烧划水等。

❷ **摆入淋汁法** 将烹制好的菜品先摆放入盛器中,再收汁浇淋在摆好的菜品上的装盘方法。主要适用于块、条状等容易夹出的菜品。如珊瑚鳜鱼、红烧蹄花等。

❸ **倒入法** 将烹制好的菜品从锅中直接倒入盛器中的装盘方法。主要适用于部分有汤汁的菜品。可分为一次倒入法和分主次倒入法。

(1) 一次倒入法:一次倒入法,适用于单一料或主配料无显著差别、质嫩易碎及勾芡的菜。装盘前应先大翻锅,将菜肴全部翻个身;倒入时速度要快,锅不宜离盘太高,将锅迅速地向左移动,使原料不翻身,均匀摊入盘中。例如糟熘鱼片,因鱼片很鲜嫩,极易破碎,不可用手勺拨动,采用一次倒入法,使鱼片整齐均匀地摊入盘中。

(2) 分主次倒入法:分主次倒入法,适用于主料配料差别比较显著的勾芡菜,装盘前先将主料较多或主料成形较好的一部分菜肴用手勺盛起,再盘中余菜倒入盘中,最后将手勺中的菜肴铺盖在上面。例如炒腰花在装盘时,一般先将腰花较多、花形较好的一部分用手勺盛起,再将锅中的余菜倒入盘中,然后将手勺中的菜铺在上面,以突出主料,使其成菜美观。

❹ **翻盖法** 将烹制好的菜品颠锅入手勺再扣入器皿中形成一个饱满的半球状的装盘方法。主要适用于基本无卤汁、包芡或形态碎小易于塑形的菜品。具体步骤:装盘前先翻锅几次,使锅中菜肴堆聚在一起,在最后一次翻锅时,用手勺趁势将一部分菜肴接入勺中,装进盘内,再将锅中余菜全部盛入勺中,覆盖盘中,覆盖时可将手勺略向下轻轻地按一按,使其圆润饱满。

❺ **左右交叉轮拉法** 将烹制好的菜品使用手勺通过左右交叉轮拉的方式将菜品盛装入器皿中的装盘方法。适用于出品要求蓬松的菜品。具体步骤:装盘前应先颠翻,使形大的原料或主料翻在上层,形小的原料或配料翻在下层,然后用手勺将菜肴拉入盘中。拉时应左边拉一勺,右边拉一勺,交叉轮拉,使形小的原料或配料垫底,形大的原料或主料盖面。例如清炒虾仁装盘时,应把大虾仁翻在上面,小虾仁翻在下面,然后把大虾仁用手勺,轻轻地拉在锅内的左边,再用手勺把小虾仁左右轮流向盘中交叉斜拉,每勺不宜拉得太多,更不可直拉,以免大虾仁倾滑下来。待小虾仁全部拉完,最后将大虾仁拉盖在上面。

⑥ **拖入法** 使用手勺将烹制好的菜品拖入器皿中的装盘方法。适用于整只整形的菜品。具体步骤：装盘时，先将锅作小幅度颠动，并趁势将手勺插到原料底部，然后将锅端近盘边，锅身倾斜，用勺和锅连拖带倒地配合把菜肴拖入盘中，拖入时锅沿靠近盘边为宜。例如红烧全鱼、干烧全鱼等菜肴都用这种方法装盘。

⑦ **撤锅法** 将烹制好的菜品连同锅具置于器皿上方，小幅度抖动锅具迅速将锅具从菜品底部抽出，使菜品落入器皿中央的装盘方法。适用于饼状菜品，如斩蛋、烘蛋等。

⑧ **盛入法** 使用手勺将烹制好的菜品一勺一勺地盛入器皿中的装盘方法。适用于不易散碎的块形菜肴。具体步骤：装盘时，用手勺先将块形碎小的盛入盘中，再将大块形完整的盛在上面。勺边不要戳破菜肴，勺底沾有汤汁应在沿上刮下，以免汤汁滴在盘边，影响美观。例如黄焖鸡块、家常豆腐等菜肴都用这种方法装盘。

⑨ **干扣法** 将烹制好的菜品从模具扣入器皿中的装盘方法。干扣法适用于无汤汁或少汤汁不需要浇淋芡汁的菜品。具体步骤：装盘前，在碗底或模具底抹上油，将原料正面朝向碗底逐块（片）紧密地排列在碗或模具中，先排放形态美观的再放入剩余部分，将碗或模具填充饱满，原料高度与碗口持平或略高。排好后上笼蒸熟取出，把空盘反盖在碗上压紧，然后迅速将盘碗一起翻转过来，将碗拿掉即成。翻转盘碗时，模具和盛器要压紧，动作必须迅速，食材在碗内不可移动，否则会流汁移形，影响美观。

⑩ **扣淋法** 将盛器反盖在烹制好的菜品上，逼出汤汁，将模具和器皿压紧迅速翻转使器皿的正面朝上，锅中收汁移走模具将芡汁均匀地浇淋在菜品表面的装盘方法。在浇淋芡汁前再移走模具防止菜品变冷或风干。

任务检验

1. 进行装盘方法的练习。
2. 装盘方法主要有哪些？

任务四 翻锅检测标准

任务目标

掌握翻锅检测标准。

任务导入

翻锅是学生学好菜肴制作的一项必备专业技能，在翻锅技能训练一段时间后，必须对学生翻锅技能的掌握情况进行测试，测试将选取悬空小翻锅、悬空大翻锅、旋锅三个项目展开。

→ 任务实施

一、翻锅检测标准

测试项目	操作要求及分值(100分)	小计	备注
悬空小翻锅	站立姿势(20分) 在动态运行中站姿稳定得 10 分,全身动作协调得 10 分,其中双脚移动凌乱扣 1～5 分;全身动作不协调扣 1～5 分。 握锅手法(20分) 抹布叠放正确得 5 分;握锅手法正确得 5 分;锅体平稳得 10 分。抹布叠放不规范扣 1～3 分;握锅手法不规范扣 1～3 分;执锅不平稳扣 1～5 分。 运勺方法(50分) 手腕运行与锅体一致得 10 分,物料在锅中翻转自如得 10 分,物料未撒出锅外得 10 分,锅体收放自如得 10 分,手勺配合自如得 10 分。 时间把控(10分) 在规定时间 40 秒内能连续翻锅得 10 分,在 40 秒内不能完成连续翻锅的,每 3 秒扣 1 分,以此类推。		锅＋原料总重量为3000 g
悬空大翻锅	站立姿势(20分) 在动态运行中站姿稳定得 10 分,全身工作协调得 10 分,其中双脚移动凌乱扣 1～5 分;全身动作不协调扣 1～5 分。 握锅手法(20分) 抹布叠放正确得 5 分;握锅手法正确得 5 分;锅体平稳得 10 分。抹布叠放不规范扣 1～3 分;握锅手法不规范扣 1～3 分;执锅不平稳扣 1～5 分。 运勺方法(50分) 手腕运行与锅体一致得 10 分,物料在锅中翻转自如得 10 分,物料未撒出锅外得 10 分,锅体收放自如得 10 分,手勺配合自如得 10 分。 时间把控(10分) 在规定时间 40 秒内能连续翻锅得 10 分,在 40 秒内不能完成连续翻锅的,每 3 秒扣 1 分,以此类推。		锅＋原料总重量为3000 g

续表

测试项目	操作要求及分值(100分)	小计	备注
旋锅	站立姿势(20分) 在动态运行中站姿稳定得10分,全身工作协调得10分,其中双脚移动凌乱扣1~5分;全身动作不协调扣1~5分。 握锅手法(20分) 抹布叠放正确得5分;握锅手法正确得5分;锅体平稳得10分。抹布叠放不规范扣1~3分;握锅手法不规范扣1~3分;执锅不平稳扣1~5分。 运勺方法(50分) 手腕运行与锅体一致得10分,物料在锅中旋转自如得10分,物料未撒出锅外得10分,锅体收放自如得10分,手勺配合自如得10分。 时间把控(10分) 在规定时间40秒内能连续旋锅得10分,在40秒内不能完成连续旋锅的,每3秒扣1分,以此类推。		—

 任务检验

一、简答题

1. 悬翻锅与拖翻锅有什么区别?
2. 如何做好悬翻锅对翻训练?
3. 如何做好拖翻锅装盘训练?

项目十三

调味技能训练

项目描述

孔子曰:"不得其酱不食",充分说明了调味文化的源远流长。开门七件事,柴米油盐酱醋茶,调味料以其绝对优势占据着日常生活的重要位置。不论是刚刚踏入厨房的新手,还是深谙厨事的高手,想要做出好吃的食物,都要一定的调味技能,使食材变成盘中的佳肴。

调味技能是在熟练掌握炉台基本技能的基础上,对加工成形的原料进行成菜加工的一项程序,是菜肴制作的关键环节,调味是否恰当、准确直接关系到一道菜肴的成败。对于不同烹调方法、不同味型的菜肴,在调味方式上都有着不同的技术要求。本项目将从单一味、复合味等味型以及相应的调味品着手,让学生掌握不同的调味手法以加深对味及调味的理解。

首先让学生熟悉各种味道和各种调味品的特性,同时知晓每种基本味的调味品在不同菜肴里扮演的角色。其次通过技能训练使学生养成专业、高效的职业行为习惯。

项目目标

1. 了解各种味的特点。
2. 理解调味的作用。
3. 掌握调味的技巧及手法。

任务一 对单一味的认知

原料固有的原味叫基本味,因此,酸、甜、麻、辣、咸被认为是本味性质的五味,这是最为常见的基本味。每种基本味类型中都具有许多不同来源的味素,每种味素之间都存在着味质的差异性,这就构成了味觉的丰富性。在丰富多彩的味觉中,始终以咸、甜为主味,其他皆是辅助味。

任务目标

1. 各种单一味的特点。
2. 常见基本调味品的特点和使用方法。

任务导入

人的口腔味觉器官对食品味的感觉会受视觉、嗅觉、听觉、触觉的影响,其中嗅觉对味觉的影响最直接、最大。人对食品的味觉与气味密切相关,因而有食品风味一说,风味是指味觉、咀嚼时所感受的气味和大脑思维活动的总和。食品气味因感觉器官的不同而分为香气和香味,香气是用鼻子嗅到的,香味则是指在口内咀嚼时所感觉到的。人们对食品风味的特征进行描述时,经常使用香味和口味,前者是指鼻腔对食品美味感受的描述,而后者则指口腔对食品刺激的反应。作为一名烹饪从业人员,认识和识别各种单一味及相关知识点是最基本的要求。

> **案例** 张明是烹饪专业的一名学生,第一次自己练习制作醋熘土豆丝,能按照教师的示范程序进行菜肴的制作,先顺利完成去皮的初加工过程,再完成刀工处理,切出的土豆丝基本满足菜肴质量要求,炒制菜肴的程序也没有出错,其出品效果基本符合要求,待教师品鉴菜肴时,发现菜肴淡而无味,问明缘由,盐少醋多,底味不足,醋的酸味也没有达到效果,致使菜肴评价未达到出品要求。

任务实施

一、各种单一味的特点

(一)咸味

咸味是百味之主。咸味调味品主要是指盐,如果没有盐,就好像一支交响乐队缺了首席小提琴演奏者。除甜菜外,任何一种菜肴的调味品,都不能离开盐(包括带咸味的调味品)。咸味又是一个平台,其他各种味道如果没有咸味这个平台作支撑,都是很难表现的。但是,咸味在不同民族、不同地区、不同人群中的嗜好程度又是不一样的。食盐是一种稳定性极高,水溶性极好的物质,使用也非常方便。一般来说,食盐水溶液在口中的最适浓度为 0.8%～1.1%,但根据不同人群以及环境等因素,有可能达到1.12%甚至更高些,特别是在有其他味道混杂的情况下,如糖、有机酸等存在下,盐在口中的最适浓度有可能提高,但不会增加很多。烹调出的菜肴有的盐含量可达到 1.5%～2.0%,这是以同主食一起入口为前提设计的。有的加工食品盐含量在 5% 以上,这是为延长保质期而设计的。盐能提鲜。我们知道,鸡汤是很鲜的。若不放盐,鸡汤不仅不鲜,腥味反而突出。味精是鲜味物质,但即使把大量味精溶于清水中而不加盐,也尝不出鲜味,因为没有盐。即使是一些糖醋类菜肴,也要放少许盐,如果不加盐,完全用糖和醋来调味,反而很难吃。咸味调味品有盐和带盐分的其他调味品,如酱油、咸豆豉、豆腐乳等。

(二) 甜味

甜味调味品主要是指食糖,甜味是仅次于咸味的味道。糖能提味增鲜。在以咸味为主的菜肴中放一些糖,以尝不出甜味为最佳效果,因为这样的复合味最为和谐。据试验得知,如要达到这种最佳效果,糖的施加量需为盐的30%~100%。当菜做咸了,加点糖,咸味可缓解一点;当菜里的醋放多了,放点糖,会减轻酸味。制作卤菜、红烧菜,如果缺乏适量的糖调和,就显得咸味太重。甜味的调味品还有增加菜肴的甘美滋味和去腥解腻的作用。此外糖还是有些地区(比如浙江、江苏)最主要的调味品。有些烹调方法比如蜜汁、挂霜、拔丝等则是以糖为主要介质的烹调方法。

甜味调味品有蔗糖、葡萄糖、蜂蜜、饴糖(麦芽糖)、果酱等。水果也有一定的甜味。

(三) 酸味

酸味,在烹调中不能独立成味,需在咸味的基础上调制复合。加入适量的酸味,可使甜味缓和,咸味减弱,辣味降低。在一些菜肴中不仅能增加其美味,并有较强的去腥膻、解肥腻的作用,从而刺激人们的食欲。尤其是快炒某道菜肴时若适量加点醋,不仅可使菜肴脆嫩可口、祛除腥膻味,还能有效地保护其中的营养成分。如清蒸鱼,要配醋碟;有些小菜要用醋腌制,如时下流行的醋豆、醋花生米。至于羊肉类、海鲜类用醋祛腥解腻的作用更是明显。酸味调味品有陈醋、熏醋、米醋、白醋、苹果醋、番茄酱、柠檬汁等,还有既当主料又当调酸料的东北酸白菜、四川泡菜等。

酸味是无机酸、有机酸及酸性盐在水溶液中可电离的氢离子产生的特有味感。酸的种类很多,在饮食中常用的酸味素主要有醋酸、柠檬酸、苹果酸、乳酸、琥珀酸、酒石酸等。酸具有敏感刺激的味觉感受,醒味、爽口、生津涎,成语中"望梅止渴"最能表述酸味的口感特征。因此酸是菜点调味中的一种重要味觉,但一般不像咸或甜那样作为主味使用,而是与其他许多异质性味素构成复杂味感,在里面起到调节pH、增香、增味、除臭、抑味的作用。

酸味是菜肴口味的特征标志之一,掌握各种酸味素的酸味特征及其成分和含量,对保证酸感正确相当重要。以往的菜肴中主要使用食醋,而目前已较大地突破了菜肴中用酸味的范围,除了食醋以外,许多不同酸质的酸味剂,例如麦芽醋、苹果醋、山楂醋、糟醋、葡萄醋、大红浙醋以及冰花莓酱、番茄酱、鲜柠汁、含磷酸饮料和酸味果、蔬鲜汁、泡菜乳酸也已被广泛使用。并且在许多菜例中,酸味素被混合使用,从各种酸的互补、缓冲中获得轻松、清鲜而多样的酸味效果。

单纯的酸味不能成为主味,而必须要在咸味、甜味或辣味的协同下才能成为美味。

(四) 辣味

辣味是在菜肴调味中刺激性最强的味道,它能祛腥解腻,并能刺激食欲,帮助人体消化、吸收养分。辣味与其他味并存时,抵消、加强等现象不是很明显,所以辣有不盖味的特点。很多人觉得吃辣时有种"痛并快乐着"的感觉。这是一种怎样的生理现象呢?这还得从舌尖上说起,当含辣味的食物与舌头和口腔接触时,实际上会造成一种痛苦的感觉,大脑为了平衡这种痛苦感会"下令"分泌出内啡肽。内啡肽是人体在有氧运动达到一定程度或者机体有伤痛刺激时,脑下垂体产生的一种作用类似于吗啡的激素,起到镇痛和制造快乐的作用。这也是人们喜欢吃辣椒等刺激性食物的一个原因。吃辣椒上瘾的另一个因素是辣椒素的作用。辣味是一种十分重要的基本味觉。辣味素与其他基本味素一样具有水（油）溶性，同时又具有强烈的挥发性，在刺激口腔的同时又能使鼻腔受到刺激。

当味觉感受细胞接触到辣椒素后会更敏感，从而感受到食物的美味。辣味调味品有辣椒、胡椒、姜、蒜、葱，以及利用这些原料加工制作的粉料、酱品，如辣椒粉、胡椒碎、辣椒酱等。

（五）麻味

麻味不是一种味觉，而是一种触觉，但是它没有辣味那么严重，并没有达到导致疼痛的程度。麻味特指花椒所赋予的味感，在中国传统上将其单列为一种基本味"麻"，因为麻与辣确实具有异质性的味感，可以说花椒的"麻味"是令大多数人所不习惯的。一般用花椒并非取其强烈的特征性麻味，而是取其芳香。吃花椒感到麻的原理是花椒中的一种山椒醇激发了人类舌头里负责颤动的神经纤维活动，于是舌头表面下的肌肉等开始快速地震颤，这种高频率而且不由自主的颤动，给你带来的感受，就是我们常说的舌头发麻的感受。舌头的不自主的运动方式和普通味觉带给人的感受并不一样。其更类似于你的手脚在受到撞击，或者长期血脉不通畅的状态下，会得到的那种麻痹感。

花椒素也属一种酰酯化合物，与异硫氰酸烯丙酯可给味觉神经以极度紧张而疲劳的感受。一颗花椒籽被嚼碎了连齿床也发麻，这种味感是嗜麻味者的美味，而对不习惯者来说，则是一种痛苦。

麻味主要来自花椒，这是一种原产于我国的调料，而辣椒是漂洋过海来到我国的。

花椒分青红两种，红色者通常叫花椒，绿色者通常叫麻椒或者藤椒，红色香味更重，绿色麻味更重。花椒都有成品的油，花椒油和麻椒油，还有麻辣酱、花椒粉等调料。

二、识别各种基本调味料

1 咸味调料 食盐、酱油（生抽、老抽、豉油）、酱（豆瓣酱、黄酱）、豆豉。

（1）食盐：典型的咸味调味料，一般常用的为白色晶体状物，有海盐、井盐、矿盐等。食盐的呈味阈值一般在 0.2%，在菜肴制作过程中，基本的使用量在 5～9 克/500 克即可。

①精盐：经过加工而成的颗粒细小、洁白无杂质的盐，是日常烹调菜肴时重要的调味品。

②粗盐：天然的大粒海盐，所含的杂质越少，海盐的颗粒晶莹剔透。海盐一般用来腌渍蔬菜、肉类等食品，可以增添呈鲜的味道和延长食品保存期限。

(a)细盐　　　　　　　　　(b)粗盐　　　　　　　　　(c)岩盐

(2) 酱油：酱油按颜色深浅可分为老抽、生抽、无色酱油。在烹调的时候，要根据实际情况来确定选用哪种酱油，比如做红烧菜要用老抽，做白烧则只能用无色酱油。酱油的品种很多，大部分具有很独特的风味，如：虾籽酱油、草菇酱油、黄豆酱油、加铁酱油等等，在实际操作的时候可以合理选用。作用：其一是能改善菜肴的口味，能调咸增鲜；其二是能改变菜肴的色泽。酱油在加热时，最大的变化就是颜色加深。

(a)生抽　　　　　　(b)老抽　　　　　　(c)豉油

❷ **甜味调料**　白糖、红糖、片糖、麦芽糖、蜂蜜、果酱等。

(a)白砂糖　　　(b)绵白糖　　　(c)红糖
(d)冰糖　　　　(e)片糖　　　　(f)麦芽糖

(1) 白糖：白糖除了用来产生甜味之外，还能增加菜肴的色泽，在烧烤菜肴比如烤鸭、烤乳猪等的皮面刷上一些糖液，则使烤制好的鸭子或乳猪皮面色泽更加光亮红润，口感更加酥脆爽口。白糖还可以用来炒制糖色，用于红烧或油炸类菜肴的上色。

(2) 蜂蜜及麦芽糖：这种甜味剂一般作为上色调料运用，如烤制带皮产品的上色过程就是应用蜂蜜或麦芽糖的受热发生焦糖化反应，赋予产品诱人食欲的红色（琥珀色）和迷人的香味。

❸ **酸味调料**　白醋、陈醋、香醋、果醋、番茄酱、柠檬汁、泡菜汁（乳酸）等。

(1) 香醋：具有"色、香、酸、醇、浓"的特点，浓褐色，液态清亮，醋味醇厚，具有少沉淀、储放时间长、不易变质等特点。香醋香味浓郁，酸而不涩、香而微甜、色浓味鲜、愈存愈醇。

(2) 陈醋：色泽黑紫，液体清亮，酸香浓郁，食之绵柔，醇厚不涩。具有少沉淀、储放时间长、不易变质等特点。

(3)泡菜汁(乳酸):烹饪中的常见乳酸为泡菜汁,如野山椒水、小米辣水、泡豆角水等。乳酸应用较多的领域主要为热菜制作,可使菜品汤汁咸酸鲜美,回味无穷。如酸汤牛肉、开胃甲鱼汤、金汤鲈鱼等。

(a)香醋　　　(b)陈醋　　　(c)白醋　　　(d)番茄酸汤　　　(e)番茄酱

❹ **辣味调料**　辣椒粉、辣椒酱、辣椒油、干辣椒、生姜、胡椒粉、大蒜等。

(1)辣椒(青椒、红椒、干辣椒):辣椒是主要的辣味调味品,在烹调中除了产生辣味以外,还有强烈的刺激性和特殊的芳香味道。在烹调中的主要作用是除腥解腻,压制异味,增加香味,促进食欲。特别是红辣椒,色泽红亮,用于炒、卤、拌等,是调味佳品,还有增加菜肴红亮色泽的特点。

辣椒的料形很多,可以切丝、丁、节、末等,要根据具体的菜肴来确定。

(a)干辣椒　　　　　　(b)辣椒皮　　　　　　(c)辣椒油

(2)辛辣料葱、姜、蒜:葱、姜、蒜都是含有辛辣芳香物质的调味品,在烹调中,既可以用来调味也可以用作配料。

葱、姜、蒜的用途和刀工形状都相当广泛,在烹调过程中,要将两者结合起来运用。比如要加到茸胶类的菜肴里,就要用姜、葱汁;用作腌渍原料就要用姜块、葱段;用作炝锅就要用姜末、蒜末;用作卤水就要用姜块、蒜粒、葱结等。总之在运用的时候,要根据具体情况来确定。

❺ **麻味调料**　干花椒(青、红)、鲜花椒、花椒粉、花椒油等。

(1)青花椒:鲜的青花椒是用来做花椒油的上乘原料。干的青花椒则比较适合做一些川式的红烧、煎炒、凉拌等菜式。

(2)红花椒:用于制作辣味重、偏重香辣风味的菜,比如辣子鸡、香辣鱼。

青花椒只产于重庆,除了麻味之外,清香味更浓,如果保存不当,会变成黑色。红花椒多产于川陕交界处,优质的红花椒麻味更重;青花椒相对于红花椒,味道比较清香,更麻一点,但是没有红花椒麻得那么醇厚。烹调时,红花椒用于制作辣味重,偏重香辣风味的菜,比如辣子鸡、香辣鱼等;而青花椒多用于强调清新香味的炒菜,比如椒麻鸡、青椒兔等。另外,用青花椒制作的花椒油清香味格外突出,祛湿开胃的功效尤佳。

(a)红花椒

(b)青花椒

(c)鲜花椒

三、技能训练方法

观察法训练:将学生按每组 5~8 人的方式分组,熟悉调料的性状,通过味觉、嗅觉感知调味品。同时要求查阅相关资料,完善各种基本调味品的应用知识。

任务检验

一、填空题

1. 咸味是调味中的主味,被称为"_____"。
2. 辣味本不是味觉,而是某些化学物质刺激舌面、口腔及鼻腔黏膜所产生的一种_____,适度的辣味有_____的作用。常用的辣味调料有_____、胡椒、生姜、葱、蒜、芥末。

二、选择题(多选)

制作腌菜泡菜时可以使用(　　)。
A. 粗盐　　　　B. 海盐　　　　C. 工业盐　　　　D. 井盐

三、简答题

1. 如何选购酱油?
2. 使用味精应注意哪些问题?

任务二　对复合味的认知

任务目标

1. 了解复合味的特点。
2. 掌握复合味的调配。
3. 掌握复合味的应用。

任务导入

复合味在应用中,要认真研究每一种调味品的特性,按照复合味的要求,使之有机结合,准确调味。防止滥用调味品,导致调味品之间互相抵消、互相掩盖、互相压抑,造成味觉上的混乱。所以在复合味的运用中,必须认真掌握,组合得当,勤于实践,灵活运用,以达到更好的效果。

> **案例** 某酒店中餐生意较好,顾客对菜肴的评价较高,有道麻辣味的干煸牛肉出现顾客投诉现象,经过认真查找原因,发现因为新的厨师在做这道菜肴时,花椒和辣椒虽然给了不少,但是不出味,麻辣味欠缺,有时候麻有时候辣,出品不稳定。经过调查,原来该厨师在使用花椒、辣椒段时,每次用手抓,而且投入时机也时前时后,造成麻辣味出味不稳定,影响菜品质量。

 任务实施

一、复合味介绍

由两种或两种以上基本味型组合构成的味觉类型,被称为"复合味"。

复合味的调配就是菜肴原料被加热烹制的同时,或前后投入各种不同滋味、不同气味的调味品,使调味品和菜肴原料产生复杂的化学变化和物理变化,从而起到除腥膻、解油腻、松软菜肴组织、增加美味、美化色彩等作用的一项技术措施。

❶ **咸鲜味** 以精盐、味精为主味,根据不同菜肴的风味酌加酱油、白糖、香油及姜、胡椒粉等,形成不同的格调,咸鲜清香,突出鲜味。咸鲜清香的特点使咸鲜味型在冷、热菜式中运用十分广泛,常以盐、鲜味调味品调制而成,因不同菜肴的风味需要,也可用酱油、白糖、香油及姜、盐、胡椒调制。调制时,须留意把握咸味适度,突出鲜味,保证原料本身的清鲜味,白糖只起增鲜作用,须控制用量,不能尝出甜味来。

❷ **麻辣味** 辣椒的辣味与花椒的麻味相结合,形成了麻辣味厚、咸鲜而香的独特味型。麻辣味型是川菜的特色,麻辣味的菜肴在川菜中占主导地位,是传统川菜的基本味型,同时延伸出怪味味型、陈皮味型以及水煮菜、麻辣火锅等川菜味型和代表菜式。麻辣味型的菜品主要由辣椒、花椒、盐、味精、郫县豆瓣、豆豉、酱油、料酒等调制而成,花椒和辣椒的运用则因菜而异,有的用郫县豆瓣,有的用花椒粒,有的用花椒面,并不都是一个模式。好的厨师烹制麻辣味型的菜品,必要做到麻而不木、辣而不燥、辣中显鲜、辣中显味、辣有尽而味无穷。其适用于以鸡、鸭、兔、猪、牛、羊等家禽家畜肉类和家畜内脏为原料的菜肴以及用干鲜蔬菜、豆类与豆制品等为原料的菜肴。麻,辣,咸,鲜,烫兼备。辣椒(可选郫县豆瓣、干辣椒、红油辣椒、辣椒粉等)、花椒(可选粒、末、面等)、精盐、味精、料酒、葱等调制以麻、辣两味为主味,咸鲜香味辅佐,麻辣鲜香、醇厚浓郁,有时可酌加白糖、醪糟汁、豆豉、五香粉、油等。调制时应注意辣而不燥,显露鲜味。

❸ **鲜甜味** 鲜甜味型的特点是以咸为基础,突出鲜、甜,两味并重,兼有鲜香,多用于热菜,以盐、白糖、胡椒粉、料酒调制而成。因不同菜肴的风味需要,调制时,鲜、甜二味有所侧重,咸味淡,咸中有甜,甜中鲜香。

❹ **酸甜味** 主要调味品为白糖和食醋,也可辅以精盐、酱油、姜、葱、蒜等。一般分

为三种：其一为酸大于甜的"酸甜味型"；其二为甜味大于酸味的"甜酸味型"；其三为酸甜味基本对称，或称为酸甜适中的"糖醋味型"，其酸甜适口，口味咸鲜，以适量的咸味为基础，但需重用糖醋，突出甜味。

❺ **茄汁味** 茄汁味主要是番茄酱香的酸甜味道，主要靠番茄汁、糖、盐调味，也辅之以白醋、果醋等；番茄酱大都呈深红色或红色，酱体均匀细腻，黏稠适度，味酸甜、无杂质、无异味。番茄酱是由新鲜的成熟番茄去皮籽磨制而成。可分两种，一种颜色鲜红，为常见；另一种为由番茄酱进一步加工而成的番茄沙司，味甜酸，颜色暗红。前者可作炒菜的调味品，后者可以蘸食。

❻ **咸甜味** 咸甜并重，兼有鲜香，多用于热菜，以盐、白糖、胡椒粉、料酒调制而成。因不同菜肴的风味需要，可酌加姜、葱、花椒、冰糖、糖色、五香粉、醪糟汁、鸡油。调制时，各地的风味不同，咸甜两味比重有差异，可有所侧重，或咸略重于甜，或甜略重于咸。其特点是咸甜鲜香，醇厚爽口。

二、复合味的调制方式

❶ **咸鲜味**

基本调料：盐、糖、味精。

延伸调料：生抽、老抽、鸡粉等。

调制方式：按一定比例，通过油、水加热融合。

❷ **麻辣味**

基本调料：辣椒、花椒、盐、糖、味精、生抽、老抽、料酒。

延伸调料：郫县豆瓣、豆豉、红油、花椒油等。

调制方式：先将辣椒、花椒炒出香味后再按一定比例，通过油、水加热融合。

❸ **鲜甜味**

基本调料：盐、白糖、鸡精。

延伸调料：料酒、姜、葱、冰糖等。

调制方式：按一定比例，通过油、水加热融合。

❹ **酸甜味**

基本调料：白糖、香醋、盐、生抽。

延伸调料：姜、葱、陈醋、老抽等。

调制方式：按一定比例，通过油、水加热融合，勾芡成汁。

❺ **茄汁味**

基本调料：番茄酱、白糖、白醋、盐。

延伸调料：果醋、姜、蒜等。

调制方式：按一定比例，通过油、水加热融合，勾芡成汁。

❻ **咸甜味**

基本调料：盐、白糖、味精。

延伸调料：料酒、姜、葱、冰糖、醪糟汁等。

调制方式：按一定比例，通过油、水加热融合。

三、调味技能训练方法

实操法训练:将学生按每组6～8人的方式分组,根据复合味型的标准以及相应工艺流程,将基本调味料通过油、水加热融合,品尝得出结果。写出实训报告,同时要求查阅相关资料,完成课后习题。

调味的技巧

扫码看答案

任务检验

一、填空题

1. _____ 是指两种和两种以上的调味料复合在一起呈现出来的味。
2. 麻辣味型中 _____ 的施加量是以提鲜为调和目的。

二、选择题(单选)

1. 此味型多用于冷菜,其特点是咸、甜、麻、辣、酸、鲜、香并重,为( )。
   A. 麻辣味型　　　　　　　　　B. 家常味型
   C. 鱼香味型　　　　　　　　　D. 怪味味型
2. 在以咸鲜味为主的浓厚味菜肴中,加入含盐量为25%的糖,其作用是( )。
   A. 提鲜,增浓复合味　　　　　B. 提鲜,降低咸味
   C. 增浓复合味　　　　　　　　D. 降低咸味

三、简答题

1. 什么是调味?
2. 调味料在烹调中有哪些作用?

任务三　临灶烹调的调味手法

任务目标

掌握勾味法、挑味法、挤倒法,了解勾兑法。

任务导入

调味过程是菜肴烹调中的关键,不同菜肴都可依据制作分量对应投放调料。俗语:"食无定位,适口者珍"。很多临灶烹调者会根据自己口味习惯和长期的制作经验调味,一般采取手抓、勺舀、瓶倒的传统手法,调味手法相对随意,有时会反复多次,但基本能调配到味。这种传统手法受身体状态及心理因素影响,容易出现偏差。在菜肴制作过程中,掌握高效和规范的调味方法,才能应对厨房经营高峰的复杂局面,否则出现出品缓慢,调味不准等都会打乱出品流程,影响经营实效。随着烹饪技术的不断发展和烹饪器具的开发,调味手法也在不断进步,除了传统的手勺直接勾味的这种手法,还有利用调味匙挑味和味壶浇汁的方法,这些手法把控适度,优美轻巧,既有准确性又有观赏性。

学生通过强化训练,熟能生巧,提高效率,为后期在临灶生产实践中能够熟练运用调味手法打下坚实的基础。

▶ 任务实施

一、调味手法介绍

❶ 勾味法　所谓勾味法,即将烹调用的手勺直接从盛装调料的味盅中勾取调料,入锅进行调味的手法。这种手法在传统的烹调实操中使用较广,在干性粉料或液体调料、酱料中都可以适用。它的优点是直接取用调料,方便快速。缺点是在取用过程中,容易使干性调料混杂、液体调料漏撒;同时在勾取干性调料时,手勺背面容易黏附,造成用量不准,影响菜品的口味。

❷ 挑味法　所谓挑味法,即在烹调过程中将持炒勺的手空出,使用调味汤匙在调味盅中将调料挑入手勺中,入锅进行调味的手法。这种手法在时下的烹调操作中使用较多,多用于干性粉料和黏性酱料。它的优点是用量准确、不易混用。在熟练掌握的情况下,效率较高。注意事项:在运用时尽可能将持炒勺的手空出,使用调味汤匙挑料,而非将手勺换手挑取调料,影响工作效率。

❸ 挤倒法　此法多用于液体调料,即是在烹调过程中将持炒勺的手空出,挤压塑料味壶或者倾倒玻璃味壶中的液体调料于手勺中,入锅进行调味的一种方法。这种方法使调料保存干净卫生,使用也方便、准确。

❹ 勾兑法　此法是在烹调前根据一定比例将所有调料勾兑成综合味汁,烹调过程中再将其一次性倒入的调味方法。这种调味方法口味稳定,操作便捷,适合大批量调味,有易于管理等特点,具体勾兑严格按标准配方实施。操作时要注意各种调料搅拌均匀,防止沉淀、结块的现象。

(a)味钵　　　　(b)调味盒　　　　(c)调味匙
(d)手勺　　　　(e)调味瓶　　　　(f)调味壶

二、调味手法训练

❶ 勾味法

(1) 勾味法基本动作:双脚自然分开,身体直立放松,双手自然张开。右(左)手执炒勺柄头,大拇指和食指伸直抵住柄杆,其余三指弯曲紧握手柄,炒勺勺口与掌心同向,调味时手勺在右手带动下逐一向各盛装调味料的容器中,勾取各所需调味料。勾取调料的多少完全视菜肴分量多少和味型要求决定,调味过程可反复多次,直到调准口味为止。这种调味手法要求逐一勾取调味品,不能一次一勺多取,容易造成调料间互相污染。同时还需遵守先取无色调料后取有色调料的原则。值得注意的是在勾取粉末状调味品时,炒勺背部容易附着多余调味料,影响调味的准确性。

(2) 勾味法训练:在荷台上或调味车上摆放2个不锈钢调味盅(开口大于炒勺口),味盅内分别装有食盐和水。手勺根据测试掌握直接取用5克、10克、15克、20克、50克的剂量,每组5次,直到动作规范、剂量准确。

(3) 勾味法手法要求:手勺直接在味盅中取用调料;要求勾取调料时动作快速、干净利落,不洒不漏,调料之间不混杂串味。

(a)勾味法一

(b)勾味法二

❷ 挑味法

(1) 挑味法基本动作:双脚自然分开,身体直立放松,双手自然张开。一手紧握手勺,另外一手放下炒勺,大拇指、食指和中指捏住调味汤匙(味匙)的顶端,大拇指抵味匙手柄正面,食指、中指托住味匙手柄背部,三指着力于手柄中段及柄头部位,味匙与大拇指成90°角,正面朝上,逐次在味盅中将调味品挑入手勺中,调味时,通过手腕转动由下而上快速挑取调味品,手勺及时迎合接住调味品。同时双手同时移动,挑取下一种调味品。

(2) 挑味法训练:此手法有一定难度,尤其是不习惯用左手挑取调味品,作为初学者只有通过强化训练,提高熟练程度,达到运用自如的效果。

训练中,利用沙子来代替调味品,装入味盅,进行左手(或右手)挑味法的模拟训练,以5克、10克、15克、20克、50克剂量标准为一组每天进行30分钟左右的练习,直到调味准确、熟练运用为止。

挑味法

(3) 挑味法手法要求:一手持味匙挑取调味

品,另一手持手勺接应;要求挑取调味品时动作快速、干净利落,不洒不漏,剂量准确,调味品之间不混杂串味。

❸ 挤倒法

(1)挤倒法基本动作:双脚自然分开,身体直立放松,双手自然张开。一手挤压塑料味壶或倾倒玻璃味瓶取用液体调料,另一手持手勺接应,站姿端庄,双手动作协调、规范。

(2)挤倒法训练:①单个塑料或玻璃味壶装300毫升水,注意观察壶身剂量规格或者根据测试掌握5毫升、10毫升、15毫升、20毫升、50毫升的剂量,每组5次,直到挤倒剂量准确。②台面上摆放6个调味瓶,并编号,练习时以小组为单位,组长喊出编号后,学生按标准手势反复拿起调味瓶,每组练习5次以上,直到熟练运用为止。

(3)挤倒法手法要求:实践运用要求挤压或倾倒调料时剂量准确,动作平稳、干净利落,不洒不漏。

(a)倒入法　　　　　　　　(b)挤压法

三、技能训练方法

将学生按每组6~8人的方式分组,根据操作技能要求,通过训练到达动作规范、操作娴熟;写出实训报告,同时要求查阅相关资料,完成课后习题。

 任务检验

一、填空题

1. 烹调过程中常见的调味手法有_____、勾味法、_____和勾兑法。
2. 挑味法一般适用_____调料,如食盐、_____和味精等。

二、选择题(多选)

烹调时加酱油调味,一般运用( )。

A. 勾味法　　　B. 挑味法　　　C. 挤倒法　　　D. 勾兑法

三、简答题

1. 挑味法有哪些优点?
2. 挑味法的动作要领是什么?

任务四 常见复合味调制标准

一、临灶投味训练检测标准

检测项目	临灶投味训练检测标准									卫生(10分)	总分(100分)
	勾味法			挑味法			挤倒法				
	操作站姿(10分)	操作手法(10分)	味型适口度(10分)	操作站姿(10分)	操作手法(10分)	味型适口度(10分)	操作站姿(10分)	操作手法(10分)	味型适口度(10分)		
	双脚呈八字且自然稳当,双手自然打开,身体协调	执勺手法规范,动作流畅,不漏不撒,台面干净	勾味准确,味型口味适当	双脚呈八字且自然稳当,双手自然打开,身体协调	执勺手法规范,动作流畅,不漏不撒,台面干净	勾味准确,味型口味适当	双脚呈八字且自然稳当,双手自然打开,身体协调	执勺手法规范,动作流畅,不漏不撒,台面干净	勾味准确,味型口味适当		
咸鲜味											
麻辣味											
鲜甜味											
酸甜味											
茄汁味											
咸甜味											

二、基本复合味调试标准

味型	特点	调料组配(500克食材)	菜品
咸鲜味	咸鲜微甘	盐7克、味精5克、糖2克	清炒土豆丝、莴笋炒肉丝
	咸鲜略带酱香味	盐3克、生抽3克、老抽2克、味精3克、糖2克	手撕包菜、黄瓜炒肉片
麻辣味	麻辣为主,咸鲜香味辅佐	盐3克、生抽2克、老抽2克、花椒粉5克、辣椒面5克	麻辣鱼块、麻婆豆腐
鲜甜味	咸鲜带回甜,原汁原味	盐3克、生抽3克、味精5克、糖2克	清炒螺片、白灼基围虾
酸甜味	酸甜可口,咸鲜味辅佐	盐3克、生抽3克、老抽2克、香醋30克、白糖20克	糖醋排骨、焦熘里脊
茄汁味	酸甜可口,茄汁味浓	盐3克、白醋20克、糖30克、番茄酱20克	茄汁鱼片、菠萝咕噜肉
咸甜味	咸甜并重,兼有鲜香	盐5克、生抽5克、老抽10克(甜面酱10克)、冰糖50克	东坡肉、京酱肉丝

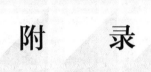

菜肴调味法则

一、烧菜类菜肴投料法则

油—原料—姜蒜—料酒—醋—酱油及各种酱料—盐—糖—味精—水淀粉（收芡）—胡椒粉—葱

烧菜多以鱼、肉、鸡、鸭为主，由于这类原料异味较重，所以烧制时必须先下姜蒜、料酒、醋等来除掉原料中的异味。第二步才是调味，下酱油、食盐、糖、味精等调味品，待原料烧熟入味后用水淀粉收芡，最后投入胡椒粉和葱。

二、炒菜类菜肴投料法则

油—原料—姜蒜—料酒—酱油—盐—糖—味精—水淀粉（收芡）—胡椒粉—葱

炒菜不论是鱼丝、肉丝，也是第一步先下姜蒜，与原料同炒增香去异味，第二步才是调味品的投放，收芡后再撒上胡椒粉和葱花等。

三、鱼香味类菜肴投料法则

油—原料—姜蒜—泡椒—料酒—辣椒酱—豆瓣酱—盐—糖—味精—香醋—水淀粉（收芡）—葱

鱼香味类菜肴重点突出咸甜酸辣兼备，突出葱姜蒜味。

四、糖醋味类菜肴投料法则

油—原料（初步熟处理炸或蒸或煮）—姜蒜—精盐—酱油—白糖—醋—水淀粉（收芡）—浇明油

糖醋味类菜肴多以肉类食材为主，先加盐烧出底味，再加糖醋，糖加入过早会促进颜色加深和糊化，醋加早些也会挥发而失去醋香味。

五、五香味类菜肴投料法则

油—原料（以焯水的料）—姜蒜—料酒—香料（八角、桂皮、花椒、陈皮）—精盐—酱料（豆瓣酱、排骨酱）—白糖—味精—胡椒—水淀粉—葱

加入香料主要目的为除异味增加香味，但要考虑香料在加热过程中带来的苦味和颜色加深等影响。

六、凉拌蔬菜投味法则

精盐—姜末、蒜粒—味精—香醋—生抽—红油—小麻油—葱花—香菜

凉拌蔬菜时，要求现拌现吃的，由于新鲜蔬菜的水分含量较多，对叶类蔬菜可以先

拌油后拌味。但对于根茎类蔬菜可以先加盐除去水分后再加调味品。

七、凉拌白煮菜投料法则

姜蒜末—料酒—精盐—生抽—味精—白糖—芝麻酱—红油—胡椒油—葱花、香菜末、芝麻、花生米（熟）

需注意先加入姜蒜、料酒以清除煮熟的食材中的异味，后加入味料拌味即可。

八、菜肴调味应遵循的事项

（1）凡动物性原料中有腥膻味或异味的，前期必须通过加入姜蒜葱和料酒加热的方式将其尽量清除，同时需要煸炒至肉有颜色变化和产生香味后再实施调味。如烧蹄花，烧羊肉。

（2）新鲜的水产原料在蒸制时，事先不要随意加盐，需通过加油、料酒、姜葱、味精的方式介入调味。待熟制后再定口味。主要因为鱼肉富含蛋白质，事先加盐会促使蛋白质在盐的渗透压作用下失水而引起质感老化。

（3）糖醋味汁和茄汁味汁中需加入白糖的，可以将白糖事先熬成糖液，可增加味汁的黏稠度和光泽。

（4）对于植物性原料中的豆类原料，注意按先煮熟后调味的方式进行，如煮毛豆、蚕豆、豌豆或豆角等，都要注意先预制成熟后再实施调味。

（5）对于植物性绿色原料，为保护其绿色，在预热处理时需要做到快速焯水，冰水透凉保色或油水预热保色或碱液焯水保色即可。

（6）植物性根茎类原料在制作干烹菜肴时，事先不可加盐腌制，这样会导致原料水分事先溢出，造成质感老韧不爽。

（7）凡以甜味为主导的菜肴中需加点盐来突出甜味。而以咸鲜味为主导的口味中加点糖会起到提鲜效果。

（8）胡椒有去异味增香味的作用，一般是在菜肴即将出锅时加入效果会更好。十三香、五香粉等都符合此规律。

厨房产品生产手册

一、厨房各岗位工作流程

(一)厨房日工作流程

时间	工作内容及流程
9:00	所有员工打卡上岗
9:10—10:30	上岗工作:厨师长检查、验收、分料等; 厨师长检查部门冰箱、原料、味汁;厨师加工生产
10:30—10:50	进餐(厨师长检查了解厨房生产准备情况)
10:50—11:10	厨师长召开例会(总结工作问题、安排任务、安排当班人员、强调团队意识)
11:10—11:30	餐前准备(菜品预制备份、炉灶检查与开通、调料到位检查、菜肴沾清)
11:30—14:00	餐中运行(厨师长组织与协调厨房生产;部长组织部门生产;厨师生产)
14:00—14:20	六常法运行及收市检查
14:20—16:00	午休(值班人员做餐前准备)
16:00—16:40	晚餐进餐(厨师长检查了解厨房生产准备情况)
16:40—17:10	餐前准备(菜品预制备份、炉灶检查与开通、调料到位检查、菜肴沾清)
17:10—20:30	晚市餐中运行(厨师长组织与协调厨房生产;部长组织部门生产;厨师生产)
20:30—20:50	六常法运行及收市检查

(二)各岗位工作流程

❶ 炒菜部案台作业流程

工作时间	工作内容	标准要求
9:00 上岗	整理仪容仪表	干净整洁、精神饱满
9:00—10:30	按原料请购单核对本部门货物回货情况并放冰箱保存 安排炉台炒制员工餐 切配星厨炒饭料头 10 份、阴米海鲜泡饭料头 5 份、切卤肉 2 斤(1 斤=500 克)、芥蓝 2 斤、藕夹 2 斤、葱丝 0.5 斤、黄瓜丝 0.5 斤 配制带鱼 10 份、排骨 8 份、小鳜鱼 10 条给炉子炸制 打鱼片 3 斤 开供应单	1.验货要求:参考原料验货标准验货,如有问题及时与采购联系并开退单 2.物品存放要求:按六常法要求摆放整齐,做到原料先进先出 3.员工餐两菜一汤要求按质按量按实际出勤人数配制,不得有浪费现象 4.鱼片按标准菜谱要求按质按量切配 5.供应单必须在 10:30 前填写完交与前厅且要真实

续表

工作时间	工作内容	标准要求
10:30—10:50 16:00—16:30	进员工餐	1. 排队打饭,不得浪费,不得大声喧哗 2. 在规定台位进餐
10:50—11:00	参加例会	1. 准时,仪容仪表到位 2. 厨师长对前一天的菜肴反馈进行分析并拿出解决方法及处理意见 3. 厨师长对当天工作做出统筹安排
11:00—11:40	1. 对照原料请购单清理回货物品 2. 餐前备份: 南笋肉丝 5 份、小炒肥牛 5 份、鸡汤水晶粉丝 5 份、黑木耳煮山药 5 份、肉丝 10 份、四季豆 5 份、小炒河虾 5 份、花甲 5 份、小花菇 5 份、三杯鸡 3 份、豆丝 8 份、牛河 8 份、广东菜心 5 斤	1. 验货要求:参考原料验货标准验货,如有问题及时与采购联系并开退单 2. 按标准菜谱要求按质按量配备
11:40—13:30 17:30—20:30	1. 餐中菜肴配制 2. 20:00 前开原料请购单	1. 按标准菜谱要求出品,注意点单特殊要求 2. 按下单时间先后顺序配菜 3. 保持台面整洁 4. 戴口罩,注意个人言行举止 5. 注重部门间的协调及信息传递 6. 根据库存配备量开单
13:30—16:00	下班	不得在店内逗留
16:30—17:30	供应单更新 餐前备份补充标准: 南笋肉丝 5 份、小炒肥牛 5 份、鸡汤水晶粉丝 5 份、黑木耳煮山药 5 份、肉丝 10 份、四季豆 5 份、小炒河虾 5 份、花甲 5 份、小花菇 5 份、三杯鸡 3 份、豆丝 8 份、牛河 8 份	1. 供应单必须在 16:30 前填写完交与前厅且要真实 2. 按标准菜谱要求按质按量配备
20:30—21:00	收市工作:清理冰箱并摆放整齐	1. 按六常法标准要求收市 2. 卫生要求:干净整洁、无水迹、油渍

❷ 炒菜部炉台作业流程

工作时间	工作内容	标准要求
9:00	整理仪容仪表	要求干净整洁、精神饱满

续表

工作时间	工作内容	标准要求
9:00—10:00	1.餐前原料加工:煮葱油蚕豆8份、炸小鲫鱼10条、炸藕夹6份、炸带鱼10份、炸排骨8份、高汤加热、水煮汁15斤、烧三杯鸡10份 2.调制调料:甜面酱3瓶、豉油皇2斤、咸蛋黄5袋	按标准菜谱要求按质按量切配
10:00—10:30	炒制员工餐,两菜一汤	按质按量炒制
10:30—10:50 16:00—16:30	进员工餐	1.排队打饭,不得浪费,不得大声喧哗 2.在规定台位进餐
10:50—11:00	参加例会	1.准时,仪容仪表到位 2.厨师长对前一天的菜肴反馈进行分析并拿出解决方法及处理意见 3.厨师长对当天工作做出统筹安排
11:00—11:30	原料焯水:四季豆5斤、海带丝3斤、花甲5斤焯水,炒外婆菜10袋、调鸡汤10斤、炸阴米3斤 餐前准备检查:餐具配置、原料加工、原料焯水	按标准菜谱要求按质按量制作
11:30—13:30 17:00—20:30	餐中菜肴炒制	1.按标准菜谱要求出品,注意特殊要求 2.保持台面整洁 3.戴口罩,注意个人言行举止 4.注重部门间的协调及信息传递
13:30—16:00	下班	不得在店内逗留
16:30—17:00	原料加工补充标准:煮葱油蚕豆8份、炸小鲫鱼10条、炸藕夹6份、炸带鱼10份、炸排骨8份、高汤加热、水煮汁15斤、烧三杯鸡10份、炸锅巴8袋 调料补充:甜面酱3瓶、豉油皇2斤、咸蛋黄5袋 原料焯水:四季豆5斤、海带丝3斤、花甲5斤焯水,炒外婆菜10袋、调鸡汤10斤、炸阴米3斤	按标准菜谱要求按质按量切配与制作
20:30—21:00	收市工作:清理炉台及调料柜卫生	1.按六常法标准要求收市 2.卫生要求:干净整洁、无水迹、无油渍

❸ 明档作业流程

工作时间	工作内容	标准要求
9:00 上岗	整理仪容仪表	要求干净整洁、精神饱满
9:00—9:30	参考原料请购单清理本部门货物并放冰箱保存 淘米 5 斤熬制白粥 鸡脆骨 5 斤、鸡腿 5 斤解冻 清理炉台调料：盐、糖、味精、鸡粉、砂锅酱、紫兰粉、胡椒粉、料酒、葱油、鸡饭老抽、蚝油	1.验货要求：参考原料验货标准验货，如有问题及时与采购部联系并开退单 2.物品存放要求：按六常法要求摆放整齐，做到原料先进先出 3.白粥熬制 45 分钟，按标准菜谱质量要求操作 4.调味盒要求干净、无油渍，放在最便于操作的位置摆放整齐并将所有调料加至八成满
9:30—10:30	串烧类初加工：香菇 10 串、鸡脆骨 20 串、基围虾 10 串、鱿鱼 10 串、鸡肉 8 串 凤尾虾（改刀）5 份 腌鸡丁 4 袋、鸡中翅 2 包 明档小料准备工作：柠檬 8 片、粽叶帽（用粽叶卷曲而成的帽子）12 个、葱丝 30 克、葱花 30 克、芹菜叶 30 克、红萝卜丝若干、黄瓜片若干 开部门供应单	按标准菜谱要求按质按量切配 将部门沽清、急推、大量推出品种统计给炒菜部案台以统一汇总给前厅
10:30—10:50 16:00—16:30	进员工餐	1.排队打饭，不得浪费，不得大声喧哗 2.在规定台位进餐
10:50—11:00	参加例会	1.准时，仪容仪表到位 2.厨师长对前一天的菜肴反馈进行分析并拿出解决方法及处理意见 3.厨师长对当天工作做出统筹安排
11:00—11:30	串烧档餐前品种初加工：炸牛蛙 10 只、炸脆骨 10 串、炸鸡中翅 10 份、炸凤尾虾 3 份	按标准菜谱要求制作
11:30—13:30 17:00—20:30	1.餐中出品，负责铁板和烤炉产品出品 2.20:00 前开原料请购单	1.按标准菜谱要求出品，注意点单特殊要求 2.按单子时间先后顺序出菜 3.保持台面整洁 4.戴口罩，注意个人言行举止 5.注重部门间的协调及信息传递 6.根据库存配备量开单

续表

工作时间	工作内容	标准要求
13:30—16:00	下班	不得在店内逗留
16:30—17:30	餐前备份补充： 1. 串烧类初加工：香菇10串、鸡脆骨20串、基围虾10串、鱿鱼10串、鸡肉8串 2. 凤尾虾（改刀）5份 3. 腌鸡丁4袋、鸡中翅2包 4. 配制明档小料准备工作：切柠檬8片、棕叶帽12个、葱丝30克、葱花30克、芹菜叶30克、红萝卜丝若干、黄瓜片若干 5. 串烧档餐前品种初加工：炸牛蛙10只、炸脆骨10串、炸鸡中翅10份、炸凤尾虾3份 6. 供应单更新	1. 按标准菜谱要求切配与制作 2. 将部门沽清、急推、大量推出品种统计给炒菜部案台以统一汇总给前厅
20:30—21:00	收市工作： 1. 负责烤炉、铁板卫生及清理冰箱 2. 清理冰箱、餐具柜并做卫生	1. 按六常法标准要求收市 2. 卫生要求：干净整沽、无水迹、油渍

❹ **店厨师长日工作流程**

时间	工作任务	工作内容	操作规范及质量标准
9:00—9:10	开例会	1. 点名 2. 检查仪容仪表 3. 总结工作 4. 布置工作任务	1. 队列整齐，要求点名时员工应答声音洪亮、刚劲有力，充分体现良好的精神面貌 2. 详细做好考勤工作，认真填写考勤表 3. 工装、鞋袜整齐洁净，符合规定要求 4. 仪容仪表符合规定要求 5. 对前一天各岗位存在的问题加以总结，表扬工作突出的员工，通报顾客意见和分析结果 6. 对顾客反馈的主要意见如菜点的质量、上菜速度、菜点口味、菜点中异物等进行分析 7. 简要传达前一天碰头会的主要内容与精神 8. 对个别岗位的厨师轮休、病休的工作空缺进行调整、安排 9. 对可能出现的就餐高峰提出警示 10. 通报当日预订情况

续表

时间	工作任务	工作内容	操作规范及质量标准
9:10—9:15	看日志	1.对前一天工作中存在的问题及时提出处理意见,并能与各部门取得联系 2.对重复出现的问题要重点监督并加以落实,并加大处理力度,要奖罚具体、分明 3.检查货物到位情况	1.日志内容处理到位,无遗漏并签字 2.如遇处理不了的事,要速报上级部门协助处理 3.保证所有货物无遗漏
9:15—9:30	检查	设施设备检查完好 冰箱内的库存情况 准确了解当天的预订情况	1.保证所有设施设备完好,可以正常运作 2.保证所有的冰制原料符合菜肴加工标准 3.对上餐剩余的成品与半成品要求优先使用 4.对不合格原料禁止使用,并拿出处理意见 5.对冰箱内原料的摆放要按要求进行
9:30—10:30	餐前检查	1.检查原材料 2.粗加工的检查 3.切料检查 4.配置分量检查 5.开碰头会 6.送检产品	1.原料初加工应符合标准菜谱的标准 2.工具、设备、场所的卫生符合卫生标准 3.出成率和净料率必须满足公司所规定的标准 4.叶类蔬菜必须无异物,且浸泡时间在20分钟以上 5.餐具到位率达95%以上 6.各部门的原料到位率达100% 7.初加工厨师必须按规定的加工程序进行鲜活原料的加工 8.加工原料时必须严格按原料的净料率、出成率进行加工 9.各种工具、用品必须备齐并摆放在固定的位置,所有用料必须符合烹调要求且数量充足,所有餐具必须备齐 10.所有的部门原料到位 11.应在规定的时间要求内加工完成的原料必须按时完成 12.切制的各种原料按标准菜谱的规格切制 13.切好的原料分类放置,摆放有序 14.荷台厨师的料头准备符合要求,数量充足 15.盘饰用品准备的品种数量符合规定,干净卫生 16.预热处理的原料符合要求 17.餐前的卫生符合标准

续表

时间	工作任务	工作内容	操作规范及质量标准
10:30—11:10	1.进员工餐 2.前厅讲菜 3.开例会	1.了解员工餐的落实情况,督促员工按时进餐,餐后到岗(11:00) 2.讲菜的内容主要是经营中的新老菜点,包括菜点的主料、辅料、调料、口味、质地、色泽及营养,装盘、出菜时间等	1.员工进餐完后,按时到岗 2.80%的服务员能掌握菜点知识 3.讲解要用实物进行,并要求服务员品尝 4.要认真解答服务员提出的问题 5.要将沽清的明细单交服务部 6.当日急推菜点要重点交代
11:10—11:30	餐前检查	1.重点检查熟笼部产品质量和备份数量 2.检查明档部与炒菜部的准备工作情况	1.保证供应品种无遗漏 2.保证各部长工作无遗漏 3.保证各档口生产无遗漏 4.海鲜品种要一一落实,随时与采购取得联系,保证供应
		1.成品、半成品的抽样检查工作 2.认真填写菜品检查表格 3.认真填写卫生检查表格	1.保证产品抽样合格率达95%以上 2.成品必须事先加以品尝。如遇不合格的,立即要求返工制作 3.半成品腌、浆处理必须到位。如遇不合格的,立即要求返工
11:30—14:00	餐中检查	1.主配厨师的配菜是否准确 2.配份好的原料是否按要求摆放在荷台上 3.所使用的浆、糊是否符合标准 4.菜肴烹调是否符合规定的工艺流程,火候是否恰当 5.菜肴出品是否进行了严格的异物检查 6.成品菜肴的数量是否符合规定 7.菜肴装盘是否符合要求 8.成品菜肴的传递是否及时到位 9.对VIP客人的菜肴是否派有专人进行跟踪 10.合理解决餐中一切突发事件 11.对出菜慢的现象要及时调整,如烹制区域的菜肴调整,荷台区域的人员调整,配菜区域的配置调整,传菜区域的人员调整等 12.完成菜品抽样工作并认真填写抽样表 13.餐中卫生是否符合要求并填写表格	1.所用加工菜点的配制、质量、装盘、时间等都要符合标准菜谱所拟定的标准 2.对VIP客人的菜点要派专人进行操作,严把出品关。要仔细定出出菜顺序、出菜时间,落实桌号夹等 3.所有台位的第一道菜应在下单10分钟内出品 4.灵活处理餐中所发生的顾客投诉问题

续表

时间	工作任务	工作内容	操作规范及质量标准
14:00—16:00	1.午收市 2.午收市安全检查	1.安排午餐收市值班检查工作。如遇缺岗现象,必须先安排替补人员到岗,再对缺岗人员进行处罚 2.检查所有设备(水、电、气等)的运行情况。如发现不正常现象要速与工程部取得联系,直到解决为止 3.检查所有的菜肴原料,调配料是否收检到位 4.餐后的卫生是否达标并填写表格 5.完成核准验收单的工作并签字	1.保证值班人员在岗 2.安全卫生合格 3.保证每日的验收单全部核准完毕
16:00—16:30	检查	1.检查员工到岗情况 2.检查冰箱内的库存情况 3.了解当天的预订情况 4.了解员工餐的落实情况 5.督促员工按时进餐	1.保证所有的冰制原料符合菜肴加工标准 2.对上餐剩余的成品与半成品要按要求优先使用 3.对不合格原料禁止使用,并提出处理意见 4.对冰箱内原料的摆放要按要求进行 5.认真组织完善好每一个环节,要与下属部门及时取得联系,做到事无巨细 6.如遇原料供应临时出现问题,必须马上与服务部联系,并做好相应的一切应变措施,保证客户的满意度 7.员工进餐完后,按时到岗

续表

时间	工作任务	工作内容	操作规范及质量标准
16:30—17:30	餐前检查	1.检查各档口人员工作准备情况 2.填写卫生检查表 3.重点检查各档口餐前检查表并签字 4.检查员工餐后上岗情况	1.准备工作全部到位 2.原料初加工应符合标准菜谱的标准 3.工具、设备、场所的卫生符合卫生标准 4.出成率和净料率必须满足规定的标准 5.叶类蔬菜必须无异物,且浸泡时间在20分钟以上 6.初加工厨师必须按规定的加工程序进行鲜活原料的加工 7.蔬菜的洗涤,必须符合规定 8.各种工具、用品必须备齐并摆放在固定的位置,所有用料符合烹调要求且数量充足,所有餐具必须备齐 9.所有的部门原料必须到位 10.应在规定的时间要求内加工完成的原料必须按时完成 11.切制的各种原料是否按标准菜谱的规格切制 12.切好的原料必须分类放置,摆放有序 13.荷台厨师的料头准备必须符合要求,数量必须充足 14.盘饰用品准备的品种数量必须符合规定,必须干净卫生 15.预热处理的原料必须符合要求
		成品、半成品的抽样检查工作	1.保证产品抽样合格率达95%以上 2.成品必须事先加以品尝。如遇不合格的,立即要求返工制作 3.半成品腌、浆处理必须到位。如遇不合格的,立即要求返工

续表

时间	工作任务	工作内容	操作规范及质量标准
17:30—21:00	餐中检查	1.主配厨师的配菜是否准确 2.配份好的原料是否按要求摆放在荷台上 3.所使用的浆、糊是否符合标准 4.菜肴烹调是否符合规定的工艺流程,火候是否恰当 5.菜肴出品是否进行了严格的异物检查 6.成品菜肴的数量是否符合规定 7.菜肴装盘是否符合要求 8.成品菜肴的传递是否及时、到位 9.对VIP客人的菜肴是否派有专人进行跟踪 10.合理解决餐中一切突发事件 11.对出菜慢的现象要及时调整,如烹制区域的菜肴调整,荷台区域的人员调整,配菜区域的配置调整,传菜区域的人员调整等 12.完成菜品抽样工作 13.餐中卫生是否符合要求并填写表格	1.所用加工菜点的配制、质量、装盘、时间等都要符合标准菜谱所拟定的标准 2.对VIP客人的菜点要派专人进行操作,严把出品关。要仔细定出出菜顺序、出菜时间,落实桌号夹等 3.所有台位的第一道菜应在下单10分钟内出品 4.灵活处理餐中所发生的顾客投诉问题
21:00—22:00	晚收市	1.开碰头会 2.生产安全检查 3.填写日志 4.交接	1.安排晚餐收市值班检查工作 2.召集各档口部长开碰头会,其内容包括进货质量、数量、初加工、菜肴配制、烹制、出品时间、装盘效果、菜肴销售份数、劳动纪律等 3.检查所有的设备(水、电、气等)的运行情况。如发现不正常现象要速与工程部取得联系,直到解决为止 4.检查所有的菜肴原料、调配料均收检到位 5.餐后的卫生达标并填写表格 6.日志填写要具体,重大事情定要填写清楚 7.确认厨房的所有的事情检查到位,再与夜保交接后方可离开

店厨师长周期工作流程如下。

(1) 周日大扫除。
(2) 周一卫生检查、安全检查。
(3) 每周协调会。
(4) 每周去两次市场。
(5) 每周四做冰箱卫生及餐用具卫生。
(6) 每周六开品控会。
(7) 每周做好各档口抽样工作。
(8) 每月底做考勤表、工资表及工作计划。
(9) 每月协助财务做好各种盘存工作。
(10) 每月核准用具进货单。
(11) 每月主持部门民主生活会。

❺ 港式熟笼部长日工作流程

时间	工作任务	工作内容	操作规范及质量标准
9:00—9:10	开例会	1. 排队点名 2. 检查仪容仪表 3. 认真听例会内容	1. 列队整齐,点名应答时声音洪亮 2. 着装整洁,不留长发长指甲 3. 佩戴好工号牌及健康证 4. 听取反馈,接受工作安排 5. 了解当日经营情况 6. 对客人的反馈做好记录,并解决菜品质量上的问题
9:10—9:20	验货	1. 例会后2分钟上岗 2. 验货按质量、数量、时间把关	1. 拒发腐烂、变质原料 2. 严格按照预估单的数量验收,品种到位 3. 对加工厂调回原料进行验收点数 4. 如遇原料供应上出现问题,必须马上通知厨师长,提前做好应变措施 5. 及时将部门原料清理到加工车间,便于生产
9:10—9:30 16:00—16:30	清理冰箱领料	1. 清理冰箱库存原料及卫生 2. 对前一天出现的问题分析解决 3. 检查设施设备情况	1. 清理冰箱,原料加保鲜膜及生熟分开 2. 冰箱生熟分开,存货不应变质串味 3. 保证所有原料符合菜肴加工标准 4. 对不合格原料禁止使用 5. 杜绝问题反复出现 6. 核对好领料单 7. 对冰箱积压产品及时与质检厨师长沟通 8. 保证所有设施设备可以正常运转

续表

时间	工作任务	工作内容	操作规范及质量标准
9:30—10:30 16:00—16:30	餐前检查	1.粗加工的检查 2.案台切料检查 3.半成品的检查 4.腌制品的检查 5.荷台备餐情况 6.送检产品 7.检查员工餐前的卫生	1.餐前卫生必须符合要求 2.案台配料严格按标准量化切配 3.协助荷台领料及调味盒的过滤和添加调味品 4.协助荷台配料及餐具情况合格率达到100% 5.荷台卫生达标及物品摆放整齐 6.对腌制品进行品尝，要符合要求 7.对加工厂调回半成品品尝，要符合要求 8.将每日餐前检验菜品做好给厨师长检查 9.如实填写餐前检查表 10.荷台料头准备必须符合要求,数量必须充分,盘饰必须准备充分 11.保证所有原料的加工符合标准 12.对不合格原料不能使用,提出处理方案,并报告厨师长 13.对有特殊要求的菜肴落实到个人 14.各菜品原料的合格率必须达到100%
10:30—11:00 16:30—17:00	进员工餐	1.按时进餐 2.完成供应单 3.开例会	1.地面无垃圾、水渍 2.调味品及原料加盖 3.清理冰箱,对当餐沽清,需要急推、大量推出的原料及数量,报告厨师长,要求准确无遗漏 4.准时进餐,准时上岗 5.海鲜原料的检查 6.部门人离岗后水电要关闭
11:00—11:30 17:00—17:30	开餐前复检	1.半成品的配备率 2.补充完成餐前各项工作检查	1.配备率达到100%,以保证当餐正常运行 2.每份的量按标准菜谱执行 3.做到各项工作无遗漏

续表

时间	工作任务	工作内容	操作规范及质量标准
11:30—13:30 17:30—20:30	餐中督导进行生产工作	1.案台配菜是否准确 2.烹制是否按标准制作 3.协助厨师长解决本部门在餐中出现的问题 4.菜肴装盘是否符合要求 5.餐中卫生是否符合要求	1.案台配菜按标准菜谱配制,保证每份菜肴的质量、分量、数量及配菜时间 2.提高出菜效率,保证在下单10分钟内出第一道菜 3.根据菜单做好每一道菜 4.对于加单菜以最快速度出品 5.要求荷台摆盘美观无油渍 6.对问题菜品做出调整,配合厨师长对突发问题解决 7.保证餐中卫生干净,无水渍,随手清拾 8.对新的员工做好餐中的督导工作
13:30—14:00 20:00—21:00	督导收市安全检查	1.荤菜原料置冰箱保存 2.进行收市卫生 3.安排值班 4.卫生安全检查 5.原料的补单	1.菜类原料及半成品进冰箱保存,做到分类,加保鲜膜 2.冰箱原料严格生熟分开 3.荷台准备下午的穿花 4.进行收市卫生,清理荷台地面,卫生必须达标 5.荷台的姜、葱、生粉及一些料头进冰箱 6.调料盒加盖,素菜原料加盖纱布 7.检查水电、风机设备安全,如有不正常问题反映至厨师长直到解决为止 8.督促荷台人员搬下餐具及擦干水渍,摆放整齐 9.开好下餐的预估单,准备部分下餐的料头 10.保证值班人员在岗,如有缺岗找人替补,然后提出处理意见 11.核查好下餐进货单
21:00—收市	开碰头会卫生总检查	1.餐中出现问题总结 2.各部长同总厨进行安全检查	1.汇报当日餐中出现的问题并分析解决问题 2.对当天工作进行汇总 3.听取总厨对餐中所发现问题的分析及下一步工作安排 4.会后总厨及各部长进行卫生总检查及安全防范

炒菜厨师周期工作流程如下。

（1）每周日晚进行厨房卫生大扫除,做到卫生无死角、无油渍,地面无异物、水渍,地沟排水畅通,检查冰箱冲洗情况和摆放。

(2) 积极参与酒店组织的各项学习培训及活动,并做好学习笔记工作。

(3) 对每月的新菜开发工作,调动所有员工的出菜意识。

(4) 配合厨师长开好本部门的用具请购单,以防工作中用具不够用。

(5) 参与中厨部每月民主生活会,提出一些相关建议,把在工作中的问题都提出来,回顾当月工作情况,了解上月的各项任务指标未完成情况,制订下一步工作计划。

(6) 每月对荷台进行串花、围边培训。

(7) 对平时不稳定的菜肴进行研讨,找出问题所在并分析解决。

(8) 配合每月22日进行中厨部餐具用具盘存工作。

(9) 做好每月月底的各项工作。

❻ 明档部部长工作流程

时间	工作任务	工作内容	操作规范及质量标准
9:00—9:10	开例会	1. 排队点名 2. 检查仪容仪表 3. 认真听例会内容	1. 列队整齐,点名应答时声音洪亮 2. 着装整洁,不留长发、长指甲 3. 佩戴好工号牌及健康证 4. 听取反馈,接受工作安排 5. 了解当日生意预测情况 6. 对客人的反馈做好记录,并解决菜品质量上的问题
9:10—9:20	验货	1. 例会后2分钟上岗 2. 验货按质量、数量时间把关	1. 拒收腐烂、变质原料 2. 对加工厂调拨原料进行验收点数 3. 如遇原料供应上出现问题,必须马上通知厨师长,提前做好应变措施 4. 及时将部门原料清理到加工车间,便于生产
9:10—9:30 16:00—16:30	清理冰箱领料	1. 清理冰箱库存原料及卫生 2. 对前一天出现的问题分析解决 3. 检查设施设备情况	1. 配合厨师长清理冰箱,要求原料加保鲜膜及生熟分开 2. 冰箱生熟分开,不许有变质串味现象,如发现变质串味现象及时处理并上报厨师长 3. 保证所有原料符合菜肴加工标准 4. 对不合格原料禁止使用,并提出处理意见 5. 杜绝问题反复出现 6. 对例会处理意见责任到人 7. 核对好领料单 8. 对冰箱积压产品及时与厨师长沟通 9. 保证所有设施设备可以正常运转

续表

时间	工作任务	工作内容	操作规范及质量标准
9：30—10：30 16：00—16：30	餐前检查	1. 粗加工的检查 2. 切料检查 3. 半成品的检查 4. 腌制品的检查 5. 荷台备餐情况 6. 送检产品	1. 餐前卫生必须符合要求 2. 案台配料严格按标准量化切配 3. 检查荷台领料情况及调味盒的情况并添加调味品 4. 检查荷台配料及餐具情况，保证合格率达到100％ 5. 荷台卫生达标及物品摆放整齐 6. 对腌制品进行品尝，要符合要求 7. 品尝加工厂调回的半成品，要符合要求 8. 将每日餐前检验菜品做好交厨师长检查 9. 如实填写餐前检查表 10. 保证所有原料的加工标准 11. 对不合格原料不能使用，并提出处理方案 12. 将有特殊要求的菜肴落实到个人 13. 各菜品原料的合格率必须达到100％
10：30—11：00 16：30—17：00	进员工餐	1. 按时进餐 2. 完成供应单 3. 关水电 4. 参加例会	1. 地面无垃圾、水渍 2. 调味品及原料加盖 3. 清理冰箱，对当餐沽清，需要急推、大量推出的原料及数量，报告厨师长，要求准确无遗漏 4. 准时进餐，准时上岗 5. 检查海鲜品种质量 6. 部门人离岗后水电要关闭
11：00—11：30 17：00—17：30	开餐前复检	1. 成品的配备率 2. 完成餐前各项工作检查	1. 配备率达到100％以上，以保证当餐正常运行 2. 每份的量按标准菜谱执行 3. 做到各项工作无遗漏

续表

时间	工作任务	工作内容	操作规范及质量标准
11:30—13:30 17:30—20:30	餐中督导进行生产工作	1.砂锅档配菜是否准确 2.是否按标准制作 3.协助厨师长解决本部门在餐中出现的问题 4.菜肴装盘是否符合要求 5.餐中卫生是否符合要求 6.对突发菜品做出调整	1.提高出菜效率,保证在下单10分钟内出第一道菜 2.根据菜单做好每一道菜 3.对于加单菜以最快速度出品 4.要求荷台摆盘美观无油渍 5.对突出菜品做出调整,配合厨师长对突发问题解决 6.保证餐中卫生干净,无水渍,随手清拾 7.对新员工做好餐中的督导工作
13:30—14:00 20:00—21:00	督导收市安全检查	1.荤菜原料进冰箱保存 2.进行收市卫生 3.安排值班 4.卫生完全检查 5.原料的补单	1.菜类原料及半成品进冰箱保存,做到分类,加保鲜膜 2.冰箱原料严格生熟分开 3.进行收市卫生,清理荷台及地面卫生,必须达标 4.荷台的姜、葱、生粉及一些料头进冰箱 5.调料盒加盖,素类原料加纱布 6.检查水电、风机设备安全,如有不正常问题反映给厨师长直到解决为止 7.督促荷台人员搬下餐具及擦干水渍,摆放整齐 8.开好下餐的预估单,准备部分下餐的料头 9.核查好下餐进货单
21:00—收市	开碰头会卫生总检查	1.餐中出现问题总结 2.各部长同总厨进行安全检查	1.汇报当日餐中出现的问题并分析、解决问题 2.对当天工作进行汇总 3.听取总厨对餐中发现问题的分析及下一步工作安排 4.会后总厨进行卫生总检查及安全防范

明档厨师周期工作流程:同"炒菜厨师周期工作流程"。

❼ 炒菜部长工作流程

时间	工作任务	工作内容	操作规范及质量标准
9:00—9:10	开例会	1. 排队点名 2. 检查仪容仪表 3. 认真听例会内容	1. 列队整齐,点名应答时声音洪亮 2. 着装整洁,不留长发、长指甲 3. 佩戴好工号牌及健康证 4. 听取反馈,接受工作安排 5. 了解当日酒席预定情况 6. 对客人的反馈做好记录,并解决菜品质量上的问题
9:10—9:20	验货	1. 例会后2分钟上岗 2. 验货按质量、数量、时间把关	1. 例会后检查本部门员工上岗情况 2. 拒收腐烂、变质原料 3. 严格按照预估单的数量验收,保证品种到位 4. 对加工厂调回原料进行验收点数 5. 如调原料供应出现问题,必须马上通知厨师长,提前做好应变措施 6. 及时将部门原料清理到加工车间,便于生产 7. 安排好休息员工岗位的顶替工作
9:10—9:30 16:00—16:30	清理冰箱领料	1. 清理冰箱库存原料及卫生 2. 对前一天出现的问题分析解决 3. 检查设施设备情况	1. 配合厨师长清理冰箱,要求原料加保鲜膜及生熟分开 2. 存货不许变质串味,如有变质串味现象及时处理及上报厨师长 3. 保证所有原料符合菜肴加工标准 4. 不合格原料禁止使用,并提出处理意见 5. 要求员工前一天出现的问题不要反复出现,一定要杜绝问题反复出现 6. 对例会处理意见责任到人 7. 核对好领料单 8. 对冰箱积压产品及时与质检厨师长沟通 9. 保证所有设施设备可以正常运转

续表

时间	工作任务	工作内容	操作规范及质量标准
9:30—10:30 16:00—16:30	餐前检查	1. 粗加工的检查 2. 案台切料检查 3. 半成品的检查 4. 腌制品的检查 5. 荷台备餐情况 6. 送检产品 7. 检查员工餐前的卫生	1. 餐前卫生必须符合要求 2. 案台配料严格按标准量化切配 3. 检查荷台领料情况及调味盒的过滤和添加调味品 4. 检查荷台配料及餐具情况合格率达到100% 5. 荷台卫生及物品摆放整齐 6. 对腌制品进行品尝，要符合要求 7. 对加工厂调回半成品品尝，要符合要求 8. 将每日餐前检验菜品做好给厨师长检查 9. 如实填写餐前检查表 10. 荷台料头准备必须符合要求，数量必须充足，盘饰必须准备充足 11. 保证所有原料的加工标准 12. 对不合格原料不能使用，并拿出处理方案 13. 各菜品原料合格率必须达到100% 14. 检查青菜的洗涤符合青菜洗涤标准
10:30—11:00 16:30—17:00	进员工餐	1. 按时进餐 2. 完成供应单 3. 关水电	1. 地面无垃圾、水渍 2. 调味品及原料加盖 3. 清理冰箱，将当餐沽清，需要急推、大量推出的原料及数量，报告厨师长，要求准确、无遗漏 4. 准时进餐，准时上岗 5. 海鲜品的检查 6. 部门人离岗后水电全要关闭
11:00—11:30 17:00—17:30	开餐前复检	1. 半成品的配备率 2. 补充完成餐前各项工作检查	1. 配备率达到100%以上，以保证当餐正常运行 2. 每份的量按标准菜谱执行 3. 做到各项工作无遗漏

续表

时间	工作任务	工作内容	操作规范及质量标准
11:30—13:30 17:30—20:30	餐中督导进行生产工作	1. 案台配菜是否准确 2. 烹制是否按标准制作 3. 协助厨师长解决本部门在餐中出现的问题 4. 菜肴装盘是否符合要求 5. 对VIP客人、豪包客人专人负责 6. 餐中卫生是否符合要求 7. 对突发菜品做出调整	1. 案台菜按标准菜谱配制,保证每份菜肴的质量、分量、数量及配菜时间 2. 提高出菜效率,保证在下单10分钟内出第一道菜 3. 根据菜单做好每一道菜 4. 对于加单菜以最快速度出品 5. 要求荷台摆盘美观无油渍 6. 对突出菜品做出调整,配合厨师长对突发问题解决 7. 保证餐中卫生干净,无水渍,随手清拾 8. 对VIP客人、豪包客人专人负责,保证菜肴质量 9. 对新员工做好餐中的督导工作
13:30—14:00 20:00—21:00	督导收市安全检查	1. 荤菜原料进冰箱保存 2. 进行收市卫生 3. 安排值班 4. 卫生完全检查 5. 原料的补单	1. 菜类原料及半成品进冰箱保存,做到分类,加保鲜膜 2. 冰箱原料严格生熟分开 3. 荷台准备下午的穿花 4. 进行收市卫生,清理荷台及地面,卫生必须达标 5. 荷台的姜、葱、生粉及一些料头进冰箱 6. 调料盒加盖,素类原料加纱布 7. 检查水电、风机设备安全,如有不正常问题反映给厨师长直到解决为止 8. 督促荷台人员搬下餐具及擦干水渍,摆放整齐 9. 开好下餐的预估单,准备部分下餐的料头 10. 保证值班人员在岗,如有缺岗找人代替,然后提出处理意见 11. 核查好下餐进货单
21:00—收市	开碰头会卫生总检查	1. 对餐中出现问题进行总结 2. 各部长同总厨进行安全检查	1. 汇报当日餐中出现问题并分析解决问题 2. 对当大工作进行汇总 3. 听取总厨对餐中发现问题的分析及下步工作安排 4. 会后总厨及各部长进行卫生总检查及安全防范

炒菜部周期工作流程:同"炒菜厨师周期工作流程"。

❽ 后勤部日工作流程

时间	工作任务	工作内容	操作规范及质量标准
9:00—9:10	开例会	1.点名 2.检查仪容仪表	1.队列整齐,要求点名时员工应答声音洪亮、刚劲有力,充分体现精神面貌 2.工装整齐洁净,工作服、工作帽、围裙无污点油渍,无皱褶破损,工作帽直立挺拔,工作服衣扣清洁、整齐,无破损、短缺 3.工号牌应佩戴在胸前工作服右上方的标志下 4.鞋子干净无污渍、破损 5.头发短而齐整,不留胡须,不佩戴任何首饰 6.不留长指甲,手指无污渍 7.工作服袖口、领口干净无污渍,无灰尘
9:10—9:20	餐前准备	清洗青菜原料 清洗餐用具	1.原料初加工应符合标准菜谱的标准 2.工具、设备、场所的卫生符合卫生标准 3.出成率和净料率必须满足规定的标准 4.叶类蔬菜必须无异物,且浸泡时间在20分钟以上 5.蔬菜的洗涤,必须符合规定 6.清理好货架,做到摆放整齐,无腐烂原料
10:30—11:00 16:30—17:00	进员工餐	1.进员工餐 2.做好餐前卫生	1.按公司要求进员工餐 2.卫生必须符合卫生要求
11:00—13:30 17:00—20:30	餐中工作	1.补充完成清洗原料工作 2.剪辣椒,剥蒜头 3.餐中的餐用具清洗工作 4.餐中保洁工作	1.清洗原料必须符合卫生要求及菜肴出品要求 2.准备的料头必须满足正常的营运;及时清理餐中的餐用具,满足营运正常需要 3.卫生必须符合卫生要求
13:30—14:00 20:30—收市	收市	1.检查水电 2.检查货架清理	1.水电必须关好,方能离开 2.货架清理整齐,多余的原料及时与档口协调,合理保管 3.做好收市的餐用具清洗工作,做到无遗漏 4.做好本区域的卫生工作,必须符合卫生要求

后勤部周期工作流程如下表所示。

时间	工作内容	操作规范及质量标准
星期一	青菜的质量及出品率	1. 对青菜品种的认识（略） 2. 对青菜的择制培训（略） 3. 对青菜出品率不达标,应及时汇报上级
星期二	对后勤的岗位培训	1. 严格要求后勤人员班前整理好头发,戴好工作帽,头发不外露 2. 择青菜时要铺一次性桌布,择菜过程中要忙而不乱,保证菜无沙、虫子、异物
星期三	清洗塑料用品	对于塑料筐、餐盒进行分配清洗,保证清洗到里、外,干净卫生
星期四	青菜的洗制培训	1. 所有带叶子的青菜,用盐浸泡20分钟,再清洗 2. 注意菜筐的干净卫生
星期五	货架的摆放、码斗的清洗摆放培训	1. 青菜用筐子装好放在货架上,要整齐干净 2. 对于码斗的清洗、输送要及时
星期六	不锈钢用具的清洗	1. 所有的不锈钢用具要清洗干净,摆放整齐 2. 所有的餐具要一清、二洗、三消毒
星期日	卫生大扫除	1. 货架、地沟用钢丝球清洗,保证地沟无渣 2. 水池的清洗,保证无油无渣 3. 餐盒及塑料筐,清洗干净后摆放整齐

二、厨房产品及制作工艺细则

（一）经典熟笼

菜名	状态	操作标准	操作要求	出品时间
虾饺王	生食	现蒸熟		6分钟
豉汁排骨	生食	现蒸熟		10分钟
紫金凤爪	半成品	蒸热		8分钟
瑶柱萝卜糕	半成品	蒸热		8分钟
沙茶金钱肚	半成品	蒸热		6分钟
咖喱土鱿	半成品	现蒸熟		8分钟
手工牛肉球	生食	现蒸熟	按标准菜谱要求进行餐前备份装笼	10分钟
上海小笼包	生食	现蒸熟		12分钟
虫草花走地鸡	生食	现蒸熟		10分钟
鱼翅灌汤饺	生食	现蒸熟		15分钟
沙爹牛百叶	生食	现蒸熟		8分钟
黑椒猪肚	半成品	蒸热		6分钟
蟹子烧卖	生食	现蒸熟		12分钟
酱香黄喉	生食	现蒸熟		10分钟

续表

菜名	状态	操作标准	操作要求	出品时间
黑椒牛仔骨	生食	现蒸熟	按标准菜谱要求进行餐前备份装笼	10分钟
排骨拼凤爪	半成品	现蒸熟		12分钟
老干妈台翅	半成品	现蒸熟		8分钟
鲜虾青菜饺	生食	现蒸熟		6分钟
豆腐圆子	熟食	蒸热		8分钟
腊八豆香肠	半成品	现蒸熟		6分钟
百合蒸南瓜	成品	蒸热		8分钟
粉蒸萝卜丝	成品	蒸热	按标准菜谱要求进行餐前备份装笼并蒸熟待用	8分钟
风味蒸鱼嘴	生食	现蒸熟		15分钟
营养三宝	成品	蒸热	按标准菜谱要求进行餐前备份装笼	8分钟
虾渣	成品	蒸热	按标准菜谱要求进行餐前备份装笼,蒸熟待用	5分钟
去骨蹄花	半成品	蒸热	按标准菜谱要求进行餐前备份装笼,并放在蒸车中保温待用	6分钟
咸鱼臭面筋	成品	蒸热	按标准菜谱要求进行餐前备份装笼	5分钟
梅菜扣肉	成品	蒸热	按标准菜谱要求进行餐前备份装笼,放在蒸车中保温待用	10分钟
豆豉腊牛肉	成品	蒸热	按标准菜谱要求进行餐前备份装笼	6分钟
蚝皇鲜竹卷	半成品	现蒸热		8分钟
雪菜豆米	半成品	蒸热		6分钟
青椒蒸香干	生食	现蒸熟		12分钟
咖喱鱿鱼拼牛百叶	生食	现蒸熟		8分钟
沙茶金钱肚拼凤爪	半成品	现蒸熟		8分钟
面酱排骨拼牛仔骨	生食	现蒸熟		10分钟

（二）开胃小菜

菜名	状态	操作方法	操作要求	出品时间
葱油蚕豆	成品	微波加热	按标准菜谱要求进行餐前备份并装盘	5分钟
话梅烤虾	成品	微波加热	按标准菜谱要求进行餐前预制成品备份	5分钟

续表

菜名	状态	操作方法	操作要求	出品时间
凉拌公仔鱼	成品	微波加热	按标准菜谱要求进行餐前备份	5分钟
酱制鸭舌	半成品	蒸熟		8分钟
醉鸡	成品	—	按标准菜谱要求进行餐前备份装盘	3分钟
秘制牛蛙	成品	微波加热		5分钟
笋尖万年青	成品	—	按标准菜谱要求餐前拌好味,备份待用	5分钟
脆皮黄瓜	成品	—	按标准菜谱要求进行餐前备份装盘待用	5分钟
四季烤麸	成品	微波加热		5分钟
酸辣荞麦面	成品	—		5分钟
青菜拌豆米	成品	—	按标准菜谱要求餐前拌好味,备份	5分钟
生呛黄豆芽	生食	飞水	按标准菜谱要求进行餐前备份	8分钟
风味海带丝	成品	—	按标准菜谱要求餐前拌好味,备份	5分钟

(三)铁板、肠粉类

菜名	状态	操作方法	操作要求	出品时间
铁板坚果鸡丁	生食	现煎	按标准菜谱要求进行餐前备份	12分钟
铁板蒸鸡蛋	生食	现蒸熟		10分钟
蟹子银鳕鱼	生食	现煎		15分钟
铁板虾米肠	半成品	现煎		8分钟
铁板鲜虾腐皮卷	半成品	现煎		8分钟
铁板煎大虾	生食	现煎		12分钟
啤酒黄鱼	生食	现煎		12分钟
铁板臭干子	生食	现煎		8分钟
碳烤生蚝	生食	现烤		15分钟
碳烤牛蛙	成品	烤热		12分钟
串烤拼盘	半成品	现烤		15分钟
碳烤鸡脆骨	半成品	烤热		6分钟
砂锅鱼头	生食	现做		20分钟
叉烧肠粉	生食	现蒸		6分钟
虾仁肠粉	生食	现蒸熟		6分钟
牛肉肠粉	生食	现蒸熟		6分钟

（四）酒店名粹

菜名	状态	操作方法	操作要求	出品时间
生炸妙龄鸽	半成品	现炸	按标准菜谱要求进行餐前备份	15分钟
南笋肉丝	半成品	炒热	按标准菜谱要求将南笋餐前预制入味，肉丝拉油至熟，进行备份	6分钟
咸蛋黄锅巴	半成品	炒匀	按标准菜谱要求进行餐前备份，并将锅巴预制炸好待用	5分钟
印尼芒果虾	半成品	卷	按标准菜谱要求进行餐前备份，将虾仁预制炸好，料头备好	12分钟
小炒肥牛	生食	现炒	按标准菜谱要求进行餐前备份	8分钟
7生菜虾松	生食	现炒		8分钟
酱肉蒸春笋	半成品	现蒸熟	按标准菜谱要求进行餐前备份装笼	10分钟
金牌软骨鸭	半成品	现炸	按标准菜谱要求进行餐前备份	12分钟
水煮牛肉	生食	现煮	按标准菜谱要求进行餐前备份，并熬好水煮汁待用	8分钟
苕粉鸭血鱼	生食	现煮	按标准菜谱要求进行餐前备份，并熬好水煮汁待用	10分钟
铁板鲍鱼	生食	现炒	按标准菜谱要求进行餐前备份	10分钟
茶树菇炒干子	生食	现炒		6分钟
鸡汤水晶粉丝	生食	现煮	按标准菜谱要求进行餐前备份，鸡汤预制并调好味	6分钟
麻婆豆腐	生食	现煮	按标准菜谱要求进行餐前备份，并熬好水煮汁待用	6分钟
东坡肉	成品	蒸热	按标准菜谱要求进行餐前备份装盘，并放入蒸车加热保温	5分钟
三杯鸡	成品	微波加热	按标准菜谱要求进行餐前预制成品备份	6分钟
葵子菜胆	生食	现炒	按标准菜谱要求进行餐前备份	8分钟
韭菜花鹅肠	半成品	现炒	按标准菜谱要求进行餐前备份，鹅肠要预制	6分钟
南洋牛肉	生食	现炒	按标准菜谱要求进行餐前备份	15分钟
白灼芥蓝	生食	飞水		6分钟
黑木耳煮山药	生食	现煮	按标准菜谱要求进行餐前备份，高汤预制调好味	6分钟

续表

菜名	状态	操作方法	操作要求	出品时间
房县小花菇	成品	加热	按标准菜谱要求把小花菇进行餐前预制备份	6分钟
炒花甲	半成品	现炒	按标准菜谱要求进行餐前备份	8分钟
鹅肝酱藕夹	半成品	现炒	按标准菜谱要求把藕夹炸定型至熟进行餐前备份	10分钟
尖椒小鳜鱼	半成品	现烧	按标准菜谱要求把小鳜鱼炸好并靠好进行餐前备份	8分钟
京酱肉丝	生食	现炒	按标准菜谱要求进行餐前备份	12分钟
椒盐排骨	半成品	炸	按标准菜谱要求把排骨炸定型至熟进行餐前备份	12分钟
外婆下饭菜	半成品	现炒	按标准菜谱要求把外婆菜炒匀入味进行餐前备份	6分钟
葱香带鱼	半成品	炸	按标准菜谱要求把带鱼炸定型至熟进行餐前备份	6分钟
豆花虾仁	半成品	加热	按标准菜谱要求把豆花预制调好味,进行餐前备份	8分钟
橄榄四季豆	半成品	现炒	把四季豆飞水至熟,按标准菜谱要求进行餐前备份	6分钟
小炒河虾	半成品	现炒	按标准菜谱要求进行餐前备份	8分钟
南笋肉丝饭	半成品	现炒		15分钟
咖喱牛肉饭	生食	现做		15分钟
台式卤肉饭	半成品	现做		15分钟
腊肉豆丝	半成品	现炒		12分钟
干炒牛河	生食	现炒		8分钟
上海泡饭	半成品	现煮	把米饭煮成泡饭,按标准菜谱要求进行餐前备份	10分钟
黑米糕	成品	现蒸热	按标准菜谱要求进行餐前备份,装笼	6分钟
星厨炒饭	半成品	现炒	把米饭加蛋黄,调料拌匀,按标准菜谱要求进行餐前备份	10分钟
砂锅腊味饭	生食	现煮	把香米泡好,按标准菜谱要求进行餐前备份	20分钟
阴米海鲜饭	半成品	现做	把阴米炸好,高汤调好味,按标准菜谱要求进行餐前备份	15分钟

续表

菜名	状态	操作方法	操作要求	出品时间
红豆沙汤圆	半成品	微波加热	把红豆沙加糖,熬稠,按标准菜谱要求进行餐前备份	6分钟
肉末青菜粥	半成品	加热	按标准菜谱要求进行餐前备份	6分钟
皮蛋瘦肉粥	半成品	现煮		6分钟
白合红枣粥	半成品	现煮		6分钟
海鲜粥	半成品	现煮		6分钟
明火瑶柱粥	半成品	现煮		6分钟
榴莲酥	生食	现炸		6分钟
牛肉豆皮	成品	微波加热	把豆皮煎至两面金黄,按标准菜谱要求进行餐前备份	6分钟
京葱包	半成品	现煎	按标准菜谱要求进行餐前备份	15分钟
港式煎饺	生食	现煎		10分钟
芝士烤红薯	成品	微波加热	把红薯坯加芝士片烤成成品,按要求进行餐前备份	10分钟
龙骨冬瓜汤	成品	微波加热	把炖好的汤放入蒸车保温,按要求进行餐前备份	6分钟
天麻乳鸽汤	成品	微波加热		6分钟
花旗竹丝鸡	成品	微波加热		6分钟
原只木瓜雪蛤	半成品	蒸熟	把木瓜挖好,按标准菜谱要求进行餐前备份,装笼	15分钟

（五）餐前备份要求

包括数量要求,状态要求(成品、半成品或现加工)。餐前依据企业经营状况针对不同产品做好提前备份工作。

（六）餐前加工内容

要求将所有菜点的加工分解到各个岗位,达到质量标准(要求现加工或预制加工或加工成熟)以及所有产品加工时间标准。

（七）餐中工作要求

岗位	工作要求	工作标准
炉台	1.检查好当日所用调料和佐料,做好一切开餐准备 2.严格执行操作规程,保证菜品质量,对原料不新鲜和切配不合要求的菜品有权退回 3.严格区分炒、爆、烹、熘、炸、煎等烹调方法,保证每种烹调方法所出菜品的独特风味	标准菜谱
	4.保持工作区域干净整洁	六常管理标准

续表

岗位	工作要求	工作标准
荷台	1.打荷工在工作上接受炒锅厨师领导,是炒锅厨师的助手 2.负责各种菜式的摆设造型,做好菜品的围边装饰工作 3.各种菜式的装盘器皿和菜肴原料的上粉、穿、卷、包、贴等工作和造型	标准菜谱
	4.保持工作区域干净整洁,餐用具的归位	六常管理标准
案台	1.完成备份工作后,各自回到岗位,准备开餐出品	备份表
	2.把好质量关,确保各种菜品的切配质量和数量。按先入先出的原则使用原料。变质过期食品不能拼制出菜,对案板、工具等严格消毒,生熟分开,严格遵守卫生法规等	食品管理制度
	3.按菜单要求做好每道菜肴配制工作,有特殊要求及时提醒荷台,做好餐中部门的协调和沟通工作 4.协助打荷工作 5.做好菜肴备份的补充工作及沽清工作	日常管理制度
	6.案台区域保持台面整洁干净 7.餐用具的归位	六常管理标准
熟笼	1.完成备份工作,各自回到岗位,准备开餐出品	备份表
	2.把好质量关,按先入先出的原则进行蒸菜的出品工作 3.做好菜肴备份的补充工作及沽清工作	日常管理制度
	4.保持区域台面整洁干净,餐用具的归位	六常管理标准
砂锅烧烤	1.完成菜肴备份,各自回到岗位,准备开餐出品	备份表
	2.把好质量关,按先入先出的原则进行砂锅菜、粥类品种的出品工作 3.协助烧烤档的出品工作 4.做好菜肴备份的补充工作及沽清工作、备份工作	日常管理制度
	5.工作区域保持台面整洁干净,餐用具归位	六常管理标准
厨师长	1.负责厨房的劳力调配和部门之间的协调工作 2.了解员工情况,根据每个员工的特长安排工作,随时根据工作的繁简、任务的轻重对厨房人员进行合理调配 3.对菜品质量进行现场指导和把关,合理安排原料的使用,监督各道生产工序,避免浪费,及时进行货物清盘,严格控制成本 4.做好部门工作间的协调工作,执行工作纪律和行为准则,及时解决工作中出现的问题 5.积极保持与前厅的沟通,解决客人的投诉与反馈 6.根据沽清情况组织好各部门的备份补充工作	厨师长岗位职责

(八)餐后工作要求

参照下文"六常管理规范"。

(九)值班员工工作标准

❶ 值班人员工作时间　下午 14:00—16:00;晚上 21:00—收市。

203

❷ 值班人员工作细则

(1) 根据厨务部实际人员到岗情况,每班安排 2 人值班(轮流)。值班时间为上述工作时间。

(2) 将值班销售品种按各要求备份好放在指定冰箱冷藏并与值班负责人交接清楚方可下班。

(3) 值班人员负责所有规定品种的出品。

(4) 值班人员必须按要求做好收市卫生工作,并与前厅夜班负责人交接填写日志方可离岗下班。

(5) 值班人员第二天上午上班时间为 10:00。

(6) 值班人员下午 16:00—17:30 下班。

(7) 如有指定销售品种当餐沽清,应及时新增销售品种并通知前厅值班负责人和厨务部值班人员。

三、六常管理规范

(一) 厨务部设施设备"六常管理"标准

序号	品名	六常管理卫生要求及标准
1	餐具柜	(1) 餐具摆放整齐合理,标示清楚,并分柜存放
		(2) 干净卫生无水迹、无油迹、无杂物
		(3) 所有进柜餐具必须消毒、无水迹
2	保鲜工作台	(1) 摆放整齐合理,标示清楚
		(2) 干净卫生,无水迹、无油迹、无杂物
		(3) 工作台里面不得有水杯等其他私人物品及杂物
		(4) 温度控制在 0 ℃以下
3	货架	(1) 摆放整齐合理,标示清楚
		(2) 干净卫生,无水迹、无油迹、无杂物
		(3) 未经清洗及带泥原料,不得进入操作间货架
		(4) 货架保持干净,无水迹、无油迹,每周三进行一次大卫生
4	冰箱	(1) 冰箱外部干净明亮,无水迹、无油迹,标示清楚
		(2) 冰箱里面摆放整齐有序,标示清晰,保鲜盒必须加盖
		(3) 所有进冰箱原料必须生熟分开,要有加工生产保质期
		(4) 冰箱里面不得有水杯等其他私人物品及杂物
		(5) 不得有码斗、餐具、黑色塑料袋进入冰箱
		(6) 温度控制在 −2 ℃以下
		(7) 每周日进行一次大卫生,冰箱必须除霜

续表

序号	品名	六常管理卫生要求及标准
5	煲仔炉带焗炉	(1)摆放整齐合理、标示清楚
		(2)干净卫生,无水迹、无油迹、无杂物
		(3)晚收市炉面不允许有食品存放
6	七星蒸炉	(1)摆放整齐合理、标示清楚
		(2)干净卫生,无水迹、无油迹、无杂物
		(3)晚收市炉面不允许有食品存放
7	铁板烧	(1)摆放整齐合理、标示清楚
		(2)干净卫生,无水迹、无油迹、无杂物
		(3)晚收市炉面不允许有食品存放
8	上火扒炉	(1)摆放整齐合理、标示清楚
		(2)干净卫生,无水迹、无油迹、无杂物
		(3)晚收市炉内面不允许有食品存放
9	塑料砧板	(1)摆放整齐合理、标示清楚
		(2)干净卫生,无水迹、无油迹、无杂物
		(3)晚收市砧板必须竖立通风
10	电磁炉	(1)摆放整齐合理、标示清楚
		(2)干净卫生,无水迹、无油迹、无杂物
		(3)晚收市炉面不允许有食品存放
11	微波炉	(1)摆放整齐合理、标示清楚
		(2)干净卫生,无水迹、无油迹、无杂物
		(3)晚收市炉内面不允许有食品存放
12	打蛋机	(1)摆放整齐合理、标示清楚
		(2)干净卫生,无水迹、无油迹
		(3)每天收市进行一次大卫生
13	压面机	(1)摆放整齐合理、标示清楚
		(2)干净卫生,无水迹、无油迹
		(3)每天收市进行一次大卫生
14	餐具架	(1)餐具架干净、无油迹,标示清楚
		(2)收市时将所有物品清理完毕,无杂物
		(3)每天收市进行一次大卫生

（二）厨务部餐用具"六常管理"标准

序号	名称	管理部门	六常管理卫生要求及标准
1	腰斗	厨房炒菜部	(1)按收市要求摆放整齐 (2)卫生干净，无水迹、无油迹 (3)每天收市进行一次大卫生
2	砧板围	厨房炒菜部	(1)按收市要求摆放整齐 (2)卫生干净，无水迹、无油迹 (3)每天收市进行一次大卫生
3	打蛋器	厨房熟笼部	(1)摆放整齐，标示清楚 (2)卫生干净，无水迹、无油迹 (3)每天收市进行一次大卫生
4	水勺	厨房炒菜部	(1)按收市要求摆放整齐 (2)卫生干净，无水迹、无油迹 (3)每天收市进行一次大卫生
5	码斗	厨房炒菜部	(1)按收市要求摆放整齐 (2)卫生干净，无水迹、无油迹 (3)每天清理卫生
6	有孔码斗	厨房炒菜部	(1)按收市要求摆放整齐 (2)卫生干净，无水迹、无油迹 (3)每天清理卫生
7	味盅	厨房炒菜部	(1)按收市要求摆放整齐 (2)卫生干净，无水迹、无油迹 (3)每天收市进行一次大卫生
8	锅架	厨房炒菜部	(1)按收市要求摆放整齐 (2)卫生干净，无水迹、无油迹 (3)每天收市进行一次大卫生
9	油鼓	厨房炒菜部	(1)按收市要求摆放整齐 (2)卫生干净，无水迹、无油迹 (3)每天收市进行一次大卫生
10	钢桶	厨房炒菜部	(1)按收市要求摆放整齐 (2)卫生干净，无水迹、无油迹 (3)每天收市进行一次大卫生
11	锅盖	厨房炒菜部	(1)按收市要求摆放整齐 (2)卫生干净，无水迹、无油迹 (3)每天收市进行一次大卫生
12	料酒壶	厨房炒菜部	(1)按收市要求摆放整齐 (2)卫生干净，无水迹、无油迹 (3)每天收市进行一次大卫生

续表

序号	名称	管理部门	六常管理卫生要求及标准
13	胡椒筒	厨房炒菜部	(1)按收市要求摆放整齐 (2)卫生干净,无水迹、无油迹 (3)每天收市进行一次大卫生
14	面包刀	厨房熟笼部	(1)摆放整齐,标示清楚 (2)卫生干净,无水迹、无油迹 (3)每天收市进行一次大卫生
15	快餐盘	厨房后勤部	(1)摆放整齐,标示清楚 (2)卫生干净,无水迹、无油迹 (3)每天收市进行一次大卫生
16	长柄勺	厨房炒菜部	(1)按收市要求摆放整齐 (2)卫生干净,无水迹、无油迹 (3)每天收市进行一次大卫生
17	炒锅	厨房炒菜部	(1)按收市要求摆放整齐 (2)卫生干净,无水迹、无油迹 (3)每天收市进行一次大卫生
18	锅刷	厨房炒菜部	(1)按收市要求摆放整齐 (2)卫生干净,无水迹、无油迹 (3)每天收市进行一次大卫生
19	炒勺	厨房炒菜部	(1)按收市要求摆放整齐 (2)卫生干净,无水迹、无油迹 (3)每天收市进行一次大卫生
20	锅铲	厨房炒菜部	(1)按收市要求摆放整齐 (2)卫生干净,无水迹、无油迹 (3)每天收市进行一次大卫生
21	油漏	厨房炒菜部	(1)按收市要求摆放整齐 (2)卫生干净,无水迹、无油迹 (3)每天收市进行一次大卫生
22	笊篱	厨房炒菜部	(1)按收市要求摆放整齐 (2)卫生干净,无水迹、无油迹 (3)每天收市进行一次大卫生
23	密油捞	厨房炒菜部	(1)按收市要求摆放整齐 (2)卫生干净,无水迹、无油迹 (3)每天收市进行 次大卫生
24	毛巾架	厨房炒菜部	(1)按收市要求摆放整齐 (2)卫生干净,无水迹、无油迹 (3)每天收市进行一次大卫生

续表

序号	名称	管理部门	六常管理卫生要求及标准
25	托盘	厨房熟笼部	(1)摆放整齐,标示清楚 (2)卫生干净,无水迹、无油迹 (3)每天收市进行一次大卫生
26	连体锅架	厨房炒菜部	(1)按收市要求摆放整齐 (2)卫生干净,无水迹、无油迹 (3)每天收市进行一次大卫生
27	拌菜盆	厨房炒菜部	(1)按收市要求摆放整齐 (2)卫生干净,无水迹、无油迹 (3)每天清理卫生
28	八格味盒	厨房炒菜部	(1)按收市要求摆放整齐 (2)卫生干净,无水迹、无油迹 (3)每天收市进行一次大卫生
29	木柄分刀	厨房明档部	(1)摆放整齐,标示清楚 (2)卫生干净,无水迹、无油迹 (3)每天收市进行一次大卫生
30	调味勺	厨房炒菜部	(1)按收市要求摆放整齐 (2)卫生干净,无水迹、无油迹 (3)每天收市进行一次大卫生
31	三能木柄刮刀	厨房后勤部	(1)摆放整齐,标示清楚 (2)卫生干净,无水迹、无油迹 (3)每天收市进行一次大卫生
32	六格味盒	厨房炒菜部	(1)按收市要求摆放整齐 (2)卫生干净,无水迹、无油迹 (3)每天收市进行一次大卫生
33	擀面杖	厨房熟笼部	(1)摆放整齐,标示清楚 (2)卫生干净,无水迹、无油迹 (3)每天收市进行一次大卫生
34	保鲜盒	厨房炒菜部	(1)按收市要求摆放整齐 (2)卫生干净,无水迹、无油迹 (3)每天清理卫生
35	白餐盒	厨房炒菜部	(1)按收市要求摆放整齐 (2)卫生干净,无水迹、无油迹 (3)每天清理卫生
36	菜筐	厨房后勤部	(1)摆放整齐,标示清楚 (2)卫生干净,无水迹、无油迹 (3)每天收市进行一次大卫生

续表

序号	名称	管理部门	六常管理卫生要求及标准
37	配菜篓	厨房炒菜部	(1)按收市要求摆放整齐 (2)卫生干净,无水迹、无油迹 (3)每天清理卫生
38	开罐器	厨房熟笼部	(1)摆放整齐,标示清楚 (2)卫生干净,无水迹、无油迹 (3)每天收市进行一次大卫生
39	切蛋器	厨房炒菜部	(1)按收市要求摆放整齐 (2)卫生干净,无水迹、无油迹 (3)每天清理卫生
40	双狮刀	厨房炒菜部	(1)按收市要求摆放整齐 (2)卫生干净,无水迹、无油迹 (3)每天清理卫生
41	酱醋壶	厨房炒菜部	(1)按收市要求摆放整齐 (2)卫生干净,无水迹、无油迹 (3)每天收市进行一次大卫生
42	高压锅	厨房熟笼部	(1)摆放整齐,标示清楚 (2)卫生干净,无水迹、无油迹 (3)每天收市进行一次大卫生
43	木柄料理铲	厨房明档部	(1)摆放整齐,标示清楚 (2)卫生干净,无水迹、无油迹 (3)每天收市进行一次大卫生
44	煎锅	厨房熟笼部	(1)摆放整齐,标示清楚 (2)卫生干净,无水迹、无油迹 (3)每天收市进行一次大卫生
45	铁板杆秤	厨房熟笼部	(1)摆放整齐,标示清楚 (2)卫生干净,无水迹、无油迹 (3)每天收市进行一次大卫生
46	台称	厨房炒菜部	(1)按收市要求摆放整齐 (2)卫生干净,无水迹、无油迹 (3)每天清理卫生
47	塑料砧板	厨房炒菜部	(1)按收市要求摆放整齐 (2)卫生干净,无水迹、无油迹 (3)每天清理卫生
48	雪平锅	厨房明档部	(1)摆放整齐,标示清楚 (2)卫生干净,无水迹、无油迹 (3)每天收市进行一次大卫生

续表

序号	名称	管理部门	六常管理卫生要求及标准
49	石板	厨房明档部	(1)摆放整齐,标示清楚 (2)卫生干净,无水迹、无油迹 (3)每天收市进行一次大卫生
50	纸火锅炉	厨房炒菜部	(1)按收市要求摆放整齐 (2)卫生干净,无水迹、无油迹 (3)每天收市进行一次大卫生
51	硅胶蒸笼	厨房熟笼部	(1)摆放整齐,标示清楚 (2)卫生干净,无水迹、无油迹 (3)每天收市进行一次大卫生
52	硅胶蒸笼盖	厨房熟笼部	(1)摆放整齐,标示清楚 (2)卫生干净,无水迹、无油迹 (3)每天收市进行一次大卫生

(三)厨务部环境卫生"六常管理"标准

序号	品名	六常管理卫生要求及标准
1	地面	(1)地面干净卫生,无水迹、无油迹 (2)地面每天清洗一次
2	地沟	(1)地沟干净卫生,无油迹、无垃圾 (2)地沟无积水、水流畅通 (3)地沟每天清洗一次
3	水池	(1)水池干净、无油迹,标示清楚 (2)收市时将所有物品清理完毕,无杂物 (3)每天收市进行一次大卫生
4	墙面	(1)墙面干净卫生,无油污 (2)墙面色洁白,无积灰 (3)墙面每天清洗一次
5	窗户	(1)窗户干净卫生,无油污 (2)窗户明亮,无积灰 (3)窗户卫生每周进行一次

(四)厨务部个人卫生"六常管理"标准

❶ **员工个人卫生行为规范准则** 厨房是开放式的厨房,我们直接面对的是消费者,我们的言行举止都代表了我们厨师的形象,为了让消费者吃得开心、吃得放心,我们厨房的工作人员必须遵守以下行为规范,营造一个放心的消费环境,创建一个新的厨务窗口。

类别	内容
仪表仪容规范	工装干净整洁,工作帽、围裙无污点、油渍,无皱褶、破损,工作帽直立挺拔,工作服袖口、领口清洁整齐,无破损、无污渍
	个人卫生干净,不留长指甲,女员工不得涂指甲油,手指无污渍
	工作时不允许佩戴任何首饰上岗
	禁止留长发、胡须,理怪异发型,染彩发
	工号牌佩戴整齐,应佩戴在胸前工作服左上方标志下
	语言文明、行为规范,不讲粗话、脏话,不随地吐痰,乱扔杂物
个人行为操作规范	工作时间不能挤眉弄眼,扎堆聊天
	明档操作间不允许大声喧哗、追逐打闹
	明档操作时应戴口罩和一次性手套,不能用手直接接触食物
	开餐时间不得偷吃东西,需尝味时要背对客人,用专用的味勺尝味
	工作时间不许接听电话、玩手机,不允许在工作区域内抽烟
	工作场地要随清随捡,保持工作场地干净卫生;物品要摆放整齐
	工作时站姿挺直,不允许有不雅动作(掏鼻孔、挖耳屎)
	在工作区域不允许存放私人物品,禁止无健康证上岗
	工作时间禁止食用有异味的食物而影响他人

❷ 个人卫生六常"十禁十止"

序号	内容
1	禁止留长发,理怪异发型,染彩发
2	禁止留长指甲,女员工不得涂指甲油
3	禁止女员工化浓妆上岗,男员工不得留长胡须,每日必须修面
4	禁止上班佩戴首饰,男员工不得佩戴耳环
5	禁止上班不穿工作服、不戴工作帽;制服必须干净整洁
6	禁止穿工作服外出、下班不接受保安检查
7	禁止穿短裤、拖鞋上班
8	禁止上班不佩戴工号牌和无健康证上岗
9	禁止随地吐痰、说脏话、骂人打架
10	禁止食用有异味的食物影响他人

（五）厨务部食品卫生"六常管理"制度

序号	食品卫生制度	内　　容
1	从业人员健康体检制度	食品生产经营人员（含新参加工作和临时参加工作的食品生产经营人员）每年必须进行健康体检，体检合格，取得健康证明后，方可上岗工作； 凡患有痢疾、伤寒、病毒性肝炎等消化道传染病（包括病原携带者），活动性肺结核、化脓性或渗出性皮肤病以及其他有碍食品卫生的疾病的从业人员应及时调离接触直接入口食品的工作岗位
2	从业人员卫生知识培训制度	部门应将食品卫生宣传培训列为经常性卫生管理的内容，定期或不定期地组织食品生产经营人员学习食品卫生法规，进行食品卫生法规和食品卫生知识培训； 新参加工作和临时参加工作的食品生产经营人员，经过食品卫生知识培训考试合格后方能上岗； 长期从事餐饮工作的人员经初训考核合格后，每二年还应复训一次
3	卫生检查制度	(1)卫生天天查（如：勤洗手、勤剪指甲、勤理发、勤洗澡、勤换衣服，不得留长发、涂指甲油、戴戒指，严禁在操作时吸烟，不得面对食品打喷嚏、咳嗽等） (2)环境卫生天天查 (3)作业间每餐加工、烹饪、销售完毕后及时打扫并进行督促检查
4	从业人员"五病"调离制度	(1)从业人员必须按规定定期进行健康体检 (2)参加工作和临时参加工作的从业人员必须进行健康检查，检查合格取得健康证明后方可参加工作 (3)患有痢疾、伤寒、病毒性肝炎、活动性肺结核和化脓性、渗出性或接触性皮肤病以及其他有碍食品卫生的疾病的从业人员，必须立即调离接触直接入口食品或直接为顾客服务的工作岗位，治愈后方可恢复从事原工作 (4)及时向卫生行政部门通报本单位从业人员调离情况 (5)"五病"人员调离情况及时进行登记 (6)从业人员健康管理做到专人负责，统筹管理
5	餐饮服务食品安全制度	(1)原料到成品实行"四不制度"：采购员不买腐烂变质的原料；保管验收员不收腐烂变质的原料；加工人员（厨师）不用腐烂变质的原料；服务员不卖腐烂变质的食品 (2)成品（食物）存放实行"四隔离"：生与熟隔离；成品与半成品隔离；食品与杂品隔离；食品与天然冰隔离 (3)环境卫生采取"四定"：定人、定物、定时间、定质量；划片分工，包干负责 (4)个人卫生做到"四勤"：勤洗手、剪指甲；勤洗澡、理发；勤洗衣服、被子；勤换工作服

续表

序号	食品卫生制度	内　　容
6	食品添加剂的使用	(1)使用食品添加剂用多少、领多少并有记载,标签不清、不明确,不得乱用 (2)不得凭感觉随意添加,严格按照食品添加剂使用范围和使用量标准进行添加 (3)使用食品添加剂按照"四专"要求(专人保管、专柜存放、专册登记、专人添加)

（六）厨务部各岗位收市卫生"六常管理"标准

序号	品名	六常管理卫生要求及标准
1	炉台	(1)标示清楚,摆放整齐合理 (2)锅、炒勺、用具保持干净,按收市要求摆放整齐 (3)油缸统一放置,中、晚收市必须加盖,盖好 (4)严禁有私人物品,如茶杯等 (5)地面干净卫生,无水迹、无油迹、无杂物
2	案台	(1)标示清楚,摆放整齐合理 (2)地面干净卫生,无水迹、无油迹、无杂物 (3)抹布搓洗干净,摆放整齐,晾干 (4)所有物品清理完毕进柜
3	荷台	(1)摆放整齐合理、标示清楚 (2)干净卫生,无水迹、无油迹、无杂物 (3)晚收市调料进入调料柜存放
4	熟笼部	(1)摆放整齐合理、标示清楚 (2)干净卫生,无水迹、无油迹、无杂物 (3)晚收市炉面不允许有食品存放
5	铁板烧	(1)摆放整齐合理、标示清楚 (2)干净卫生,无水迹、无油迹、无杂物 (3)晚收市炉面不允许有食品存放
6	砂锅档	(1)摆放整齐合理、标示清楚 (2)干净卫生,无水迹、无油迹、无杂物 (3)晚收市炉面不允许有食品存放

续表

序号	品名	六常管理卫生要求及标准
7	熟笼操作间	(1)保持地面干净、整洁
		(2)保持用具整洁,摆放有序,常清洗
		(3)操作间无杂物及私人物品
		(4)用具分类摆放,标签清晰
		(5)货架按要求摆放整齐
		(6)每天收市进行一次大卫生
8	厨房操作间	(1)地面干净卫生,无水迹、无油迹
		(2)摆放整齐有序,餐用具按要求进入餐柜
		(3)每天收市进行一次大卫生
9	后勤操作间	(1)保持地面干净、整洁
		(2)保持用具整洁,摆放有序,常清洗
		(3)操作间无杂物及私人物品
		(4)后勤菜架按要求摆放整齐
		(5)菜筐保持干净、整齐,每星期二清洗
		(6)后勤垃圾及时清理
		(7)用具分类摆放,标签清晰

（七）厨务部标签"六常管理"标准样表

❶ 冰柜六常管理标签样表

成品(半成品)	上层	
	下层	

卫生要求：(1)所有进冰柜成品必须加盖、加保鲜膜。
　　　　　(2)摆放整齐有序,标识清楚。
　　　　　(3)整洁干净,无水迹、无油迹、无杂物。

部门：		
检查人：	责任人：	责任人照片

❷ 保鲜工作台六常管理标签样表

成品(半成品)	上层	
	下层	

卫生要求：(1)所有成品必须加盖、加保鲜膜。
　　　　　(2)摆放整齐有序,标识清楚。
　　　　　(3)整洁干净,无水迹、无油迹、无杂物。

部门：		
检查人：	责任人：	责任人照片

❸ 调料柜六常管理标签样表

调料柜	部门：	
	卫生要求：(1)摆放整齐有序，标识清楚。 (2)整洁干净，无水迹、无油迹、无杂物。	
检查人：	责任人：	责任人照片

❹ 用具柜六常管理标签样表

用具柜	存放：	
卫生要求：(1)摆放整齐有序，标识清楚。 (2)整洁干净，无水迹、无油迹、无杂物。		
部门： 检查人：	责任人：	责任人照片

❺ 餐具柜六常管理标签样表

餐具柜	上层	
	下层	
卫生要求：(1)所有进柜餐具必须消毒、无水迹。 (2)摆放整齐有序，标识清楚。 (3)整洁干净，无水迹、无油迹、无杂物。		
部门： 检查人：	责任人：	责任人照片

❻ 厨房温馨提示语

(1)有水才有生命，为了让生命更加生机勃勃，请珍惜每一滴水。
(2)请节约用电！
(3)请珍惜劳动成果！不要随意乱丢垃圾！凡事从我做起！
(4)小心地滑。
(5)工作重地，严禁吸烟，违者重罚。
(6)凡二十公斤以上物品必须两个人抬，以免烫伤。
(7)公共卫生，请大家爱护。
(8)爱护公物，珍惜粮食，勤俭节约。
(9)员工之间相互谦让，遇事勿急勿躁，有纠纷及时向部门负责人汇报。

❼ 六常管理规范用语

(1)我会马上清理物品。

(2)我会把掉下的标签贴上。

(3)我不会使物品变脏。

(4)我不会随地倒水。

(5)我不会随意乱丢物品。

(6)我会把用过的物品及时归还。

(7)我会把物品按规定放好。

(8)我会维护保管好各项物品。

(9)我会用心去清洁物品。

(10)我会按规范要求操作。

(八)厨务部餐用具清洗"六常管理"操作标准

❶ 餐用具清洗消毒程序　清理、洗涤、清洗、消毒、保洁。

(1)清理:刮去餐具残渣。

(2)洗涤:用洗涤剂清洗。

(3)清洗:用净水冲洗。

(4)消毒:热力消毒或化学消毒(化学消毒后必须用洁净水清洗,消除残留的药物)。

❷ 消毒方法

(1)物理消毒。①蒸汽消毒:餐具口朝下,消毒时间10分钟以上,温度为100 ℃。②远红外线消毒(电子消毒柜):餐具不擦干放入,保持柜内湿度,消毒时间15~25分钟,温度为120 ℃。

(2)化学消毒。如用"84"消毒液消毒时,将餐具全部浸泡在药液中,消毒液与水的配比为1∶50,消毒时间为15分钟,浸泡消毒后用清水洗净。消毒用具有刻度标识。

(3)消毒标准。①物理消毒:餐用具必须表面光洁、无油渍、无水渍、无异味。②化学消毒:餐用具必须无泡沫、无洗消剂的味道,无不溶性附着物。

(九)餐具清洗消毒卫生制度

(1)当餐收回餐具,当餐清洗消毒,不隔餐隔夜。

(2)化学消毒:餐具按一清理二洗涤三消毒四冲清五保洁顺序操作。物理消毒:操作顺序为一清理二洗涤三消毒四保洁。均应严格按消毒规范要求操作。

(3)餐具消毒后经严格检查,放于清洁密封柜内,防止再次污染。

(4)餐具保洁柜内严禁存放私人物品或其他物品,柜内整洁有序,保洁柜防尘、无杂物,无水迹、无油垢。

(5)部门卫生责任人,每日检查餐具消毒情况并有记载,与当日工作目标考核挂钩。

主要参考文献

[1] 王劲.烹饪基本功[M].北京:科学出版社,2012年.
[2] 薛党辰.烹饪基本功训练教程[M].北京:中国纺织出版社,2020.
[3] 郑昕,郑庆元.中式烹调基本功训练[M].成都:西南交通大学出版社,2017.
[4] 牛铁柱.烹调基本功训练[M].北京:科学出版社,2013.
[5] 荣明.烹调基本功实训教程[M].北京:中国财富出版社,2013.
[6] 王克金.烹饪原料加工技术[M].北京:北京师范大学出版社,2010.